U0020296

每餐只做1道菜

用一只平底鍋成就一盤美味，65道世界料理天天開飯

小堀紀代美　著
連雪雅　譯

What is 1 飯 1 菜 ?

只要 1 道配菜
即完成

「1 飯 1 菜」是一種像咖哩飯或
牛肉燴飯等,在米飯上澆淋上配
菜就能享用的簡單料理。工作結
束,拖著疲累身體回到家,或是
沒時間做飯的時候,只要做一道
配菜,就是豐盛又飽足的一餐,
真的很棒。

營養均衡又兼顧美味

「1 飯 1 菜」是以肉、魚等蛋白質
食材,搭配足量蔬菜組合而成的
料理。口味很下飯,豐富營養分
量十足,一盤就足夠滿足需求。
是能讓全桌人都吃得滿足又開心
的料理。

短時間就能做好

烹調時間 15 ～ 30 分鐘，就連費時的燉煮料理也能輕鬆完成。想多加一道配菜的時候，書中也有介紹能夠快速製作的小菜，非常適合忙碌的現代人。

烹調器具
只需 1 支平底鍋

不論拌炒、燉煮或燜蒸，1 支平底鍋就能完成。無需特殊的烹調器具，清洗也很容易，很適合廚房新手或廚藝不精的人。

contents

本書的使用方法

◎1 小匙＝ 5ml、1 大匙＝ 15ml、1 杯＝ 200ml。

◎材料裡不含「白飯」。

◎食譜中省略了蔬菜的「清洗」、「去皮」等事前處理的基本步驟。如果沒有特別說明，請先完成這些步驟再開始烹調。

◎菇類請直接烹調，無需清洗 *。

◎書中沒有特別標示火力時，一律使用「中火」。

◎「少許」鹽是 2 根手指捏起的分量，「1 小撮」是 3 根手指捏起的分量（詳細說明請參閱 P66）。

◎書中使用的砂糖是「二砂」、油是「米糠油」，也可使用家中常備品。橄欖油是「特級初榨橄欖油」、胡椒是「白胡椒粉」，奶
　油是「有鹽奶油」。

◎本書使用瓦斯爐烹調。烤箱料理使用電烤箱。烤好的狀態有時會依熱源或機種而略有差異。請依照使用的機種調整加熱時間。

　* 編注：在日本菇類通常不清洗，只將根部切除；也可視自己的狀況稍沖洗後使用，但切記不要浸泡。

烹調器具只需
1支平底鍋就能搞定！

直徑 24cm 的平底鍋＆鍋蓋

只需1支平底鍋就能完成本書
的所有料理。「涼拌沙拉飯」
中，也有只用1個調理碗即可
的料理（P82、84、85、89）。

PART 1

拌炒

食材入鍋翻炒,加調味料調味,拌炒是最常見的烹調方式。
正因為如此,在食材的搭配與調味組合下點功夫很重要,
像是拌炒的順序與加調味的時機等細節稍加留意,
味道就會變得更加美味。

拌炒 1飯1菜 的基本作法

準備　□ 處理食材
　　　　□ 混合調味料

1.

煎肉（魚）

先煎肉或魚，洋蔥等較慢熟透
的蔬菜，與肉一起放入，或在
肉之前先放入鍋中烹調。蝦子
等容易煮熟的食材，在蔬菜之
後再加入。

2.

初步調味

在肉或魚上撒些鹽、胡椒，能
使其變得更美味。加熱前先調
味的話食材會出水，所以加入
調味料的最好時機是在肉開始
變色時，然後再淋入酒類

拌炒料理的基本作法 4 步驟。
美味的祕訣是在肉或魚，撒上鹽、胡椒的初步調味。
這個步驟的時機很重要！

3.

加入蔬菜拌炒

待肉或魚煮到快熟時，加入蔬菜並快速拌炒。較快煮熟的豌豆苗等蔬菜，加完調味料後再放入。

4.

最後調味

蔬菜快熟透時，加入調味料拌炒均勻。蔬菜一入鍋就調味會出水，整鍋菜就會變得濕軟，請記住這個時機。

魚露奶油蔬菜炒豬肉

魚露和奶油的組合是來自奶香醬油的創意。
雙重鮮味的絕妙搭配非常下飯，
讓普通的蔬菜炒肉增添風味，帶出鮮甜的新滋味。

材料（2 人份）

豬五花肉片 —— 150g
高麗菜 —— 1/6 個（150g）
豆芽菜 —— 1/2 袋（100g）

油（常備品）—— 1/2 大匙
A
| 鹽、粗粒黑胡椒 —— 各少許
| 酒 —— 1/2 大匙
奶油 —— 10g
魚露 —— 1 大匙
粗粒黑胡椒 —— 少許

作法

1. 處理食材

高麗菜切成 3 ～ 4cm 大小。豆芽菜撒少量的鹽（分量外）輕搓清洗後，用網篩撈起瀝乾水分。豬肉片切成一口大小。

2. 炒豬肉並調味

平底鍋中倒入油，放入豬肉片撥散，以大火拌炒。待肉片炒至變色後，依序加入材料 A，整體快速翻炒均勻。

3. 加入蔬菜，最後調味

再加奶油，待奶油融化後放入高麗菜、豆芽菜，以中火拌炒。待高麗菜變得油亮後，加入魚露快速炒勻。盛放在裝盤的白飯上，撒上黑胡椒。

point

將豆芽菜撒上鹽後洗淨，可消除特有的豆腥味。

豬五花辣炒
蕈菇佐高麗菜絲

豬五花、菇類與大蔥拌炒後，
用濃醇帶有微辣味道的辣味噌調味。
再搭配新鮮生菜，百分百的滿足感。

材料（2人分）

豬五花肉塊 —— 250g
鴻喜菇 —— 1/2 包（50g）
香菇 —— 2 朵（50g）
大蔥 —— 1/3 根（40g）

A
| 味噌 —— 1 大匙
| 砂糖 —— 2 小匙
| 豆瓣醬 —— 1/2 小匙
麻油 —— 1½ 大匙
B
| 鹽 —— 1 小撮
| 粗粒黑胡椒 —— 少許
| 酒 —— 1½ 大匙
高麗菜（切絲）、
　番茄（切半月形塊狀）—— 各適量

作法

1. 處理食材

菇類切除菇柄根部，鴻喜菇分成小朵，香菇切成 1cm 厚。大蔥斜切成薄片。豬肉切成 1.5cm 寬。混合拌勻材料 A。

2. 拌炒菇類、豬肉並調味

平底鍋中倒入麻油加熱，放入菇類攤開，以大火煎。煎至上色後快速拌炒，推移至中間的地方，周圍放入豬肉。待豬肉煎至變色後，依序加入材料 B，拌炒至整體上色。

3. 加入蔥片，最後調味

接著加入蔥片，以中火快速拌炒，再加入混合好的材料 A 炒勻。盛放在裝盤的白飯上，旁邊放高麗菜絲和番茄。

point

將菇類在鍋中攤平，用大火煎至金黃上色，香氣會更足味道更好。

蔥爆豬肉 → P16

醬醋辣炒
青椒雞柳 → P16

雙醬炒蔬菜豬肉 → P17

蔥爆豬肉

豬肉和大蔥的簡易熱炒，
最後撒下七味辣椒粉是美味關鍵。

材料（2人份）

豬五花肉片 —— 150g
大蔥 —— 11根（100g）

A
| 大蒜（切末） —— 1瓣
| 孜然（建議使用） —— 1/4 小匙
| 麻油 —— 1大匙
B
| 鹽 —— 1小撮
| 粗粒黑胡椒 —— 少許
| 酒 —— 1大匙
醬油 —— 2小匙
七味辣椒粉 —— 少許

作法

1. 處理食材

大蔥斜切成薄片。豬肉切成 4～5cm寬。

2. 炒豬肉並調味

將材料A放入平底鍋，以中火拌炒至香氣
溢出後，加入豬肉片拌炒。待肉片炒至變
色，依序加入材料B，快速翻炒均勻。

3. 加入蔥片，最後調味

接著加入蔥片快速拌炒，加入醬油炒勻。
盛放在裝盤的白飯上，撒上七味辣椒粉。

醬醋辣炒青椒雞柳

黃芥末醋醬油是愛醋族的我，
最喜歡的招牌調味。
只要有這一味，就可以吃掉很多青椒。

材料（2人份）

雞柳 —— 3～4條（200g）
青椒 —— 3～4個（150g）

薑（切成粗絲） —— 1指節大小
太白粉 —— 1/2 大匙
A
| 醬油、醋 —— 各 1⅓ 大匙
| 黃芥末醬 —— 1¼ 小匙
| 砂糖 —— 1/3 小匙
麻油 —— 1大匙
B
| 鹽 —— 少許
| 粗粒黑胡椒 —— 適量
| 酒 —— 1½ 大匙
粗粒黑胡椒 —— 少許

作法

1. 處理食材

青椒去除蒂與籽，縱向對切後，斜切成細
絲。雞柳去除白色筋膜、切薄片，撒上太
白粉。混合拌勻材料A。

2. 炒雞柳並調味

平底鍋中倒入麻油加熱，放入雞柳以中火
拌炒，待雞肉炒至變色後，依序加入材料
B，快速翻炒均勻。

3. 蔬菜下鍋，最後調味

接著加青椒、薑絲快速拌炒，再倒入混合
好的材料A炒勻。盛盤，撒上黑胡椒。

炒蔬菜豬肉

濃郁的麻醬與鹹辣豆瓣醬的組合，令人食慾大開。
豌豆苗的清淡豆香與口感產生畫龍點睛的效果。
關火後再放豌豆苗，用餘溫使其熟透。

材料（2 人份）

豬肉片 —— 150g
小松菜 —— 4～5 株（100g）
豌豆苗 —— 1 包（80g）

A
| 麻醬、水 —— 各 2 大匙
| 醬油 —— 1/2 大匙
| 豆瓣醬 —— 1/2 小匙

薑（切末）—— 1 指節大小
大蒜（切末）—— 1/2 瓣
油（常備品）—— 1/2 大匙
B
| 鹽 —— 1 小撮
| 粗粒黑胡椒 —— 少許
| 酒 —— 1/2 大匙
白芝麻粉 —— 2 大匙

作法

1. 處理食材

小松菜、豌豆苗切除根部後，切成 4～
5cm 長。較大片的豬肉切成一口大小。混
合拌勻材料 A。

2. 炒豬肉並調味

將油、薑末、蒜末與豬肉片放入平底鍋
中，以中火拌炒。待肉片炒至變色後，依
序加入材料 B，快速翻炒均勻。

3. 加入蔬菜，最後調味

接著加入小松菜拌炒至變得油亮，倒入混
合好的材料 A，整體翻炒均勻。關火，加
入豌豆苗、白芝麻粉混拌。

point

豌豆苗較快熟，關火後再
下鍋，用餘溫加熱使豌豆
苗熟透即可。

辣炒番茄雞

這一道是老少咸宜的乾燒茄汁蝦仁「雞肉版」。
使用生番茄是美味的關鍵，
多了爽口感，味道也變得成熟有風味。

材料（2人份）

雞腿肉 ── 1 大塊（300g）
西芹 ── 1 根（100g）
番茄（大）── 1 個（200g）

薑（切末）── 1 指節大小
大蒜（切末）── 1/2 瓣
A
| 番茄醬、砂糖 ── 各 2 大匙
| 醬油、麻油、豆瓣醬 ── 各 2 小匙
麻油 ── 1/2 大匙
B
| 鹽 ── 1/4 小匙
| 粗粒黑胡椒 ── 少許
| 酒……1 大匙

作法

1. 處理食材

西芹的莖切成 1.5cm 寬，葉子大略切碎。
番茄去除蒂頭、縱切對半後，一半切丁，
一半切成半月形塊狀。用廚房紙巾擦拭雞
肉表面的水分，剔除多餘的脂肪，切成 8
等分。混合拌勻材料 A。

2. 炒雞肉並調味

平底鍋中倒入麻油加熱，將雞皮面朝下放
入鍋中，邊用料理夾按壓，邊以中火煎。
煎至雞肉變色後，依序加入材料 B，快速
翻炒均勻。

3. 加入蔬菜，最後調味

接著加入番茄丁、西芹莖、薑末和蒜末拌
炒，待番茄丁炒至變得軟爛後，加入混合
好的材料 A、番茄塊與西芹葉拌炒均勻。

point

將雞皮面朝下放入鍋中，
以按壓的方式攤平雞皮，
這樣就能煎出金黃色澤。

蜂蜜芥末炒蘑菇牛肉

調和芥末籽醬、蜂蜜與醬油的蜂蜜芥末醬。
是一種很適合搭配肉類料理的萬用醬汁。
添加鮮奶油，就成了溫潤風味的俄羅斯酸奶牛肉。

材料（2人份）

牛肉薄片 —— 200g
蘑菇 —— 5～6 個
洋蔥 —— 1/3 個（70g）
冷凍青豆仁 —— 80g

大蒜（壓碎）—— 1 瓣
蜂蜜芥末醬
　芥末籽醬 —— 1 大匙
　蜂蜜 —— 1/2 大匙
　醬油 —— 2 小匙
　水 —— 1 大匙
奶油 —— 10g
B
　鹽 —— 1/4 小匙
　粗粒黑胡椒 —— 少許
　白葡萄酒 —— 1 大匙
鮮奶油 —— 3/4 杯

作法

1. 處理食材

蘑菇切除菇柄根部，縱向對半切開。洋蔥切成薄片。牛肉切成一口大小。混合拌勻蜂蜜芥末醬的材料。

2. 炒牛肉並調味

將奶油、大蒜放入平底鍋中，以大火加熱，待奶油融化後，放入牛肉和蘑菇拌炒，待牛肉炒至變色後，依序加入材料 B，快速翻炒均勻。

3. 蔬菜下鍋，最後調味

加入洋蔥，以中火快速拌炒，再倒入鮮奶油續煮，煮滾後加入青豆仁、蜂蜜芥末醬拌炒均勻。白飯裝盤，周圍盛放上蘑菇牛肉，依個人喜好撒上巴西里。

point

添加鮮奶油煮到沸騰，口感會變得更溫潤濃醇。

奶香醬油炒牛肉

牛肉搭配巴西里烹調，並以巴西里點綴的料理。
大量添加了總被作為配角的巴西里，
運用在經典的奶香醬油中，
香氣與微苦味融合成美味的一部分。

材料（2人份）

牛肉（燒烤用或骰子牛用）
—— 200g
紫洋蔥 —— 1/2 個（100g）
鴻喜菇 —— 1/2 包（50g）
巴西里 —— 1/2 包（25g）

乾燥奧勒岡 —— 1 小匙
橄欖油 —— 1 大匙
奶油 —— 15g
A
│ 鹽 —— 1 小撮
│ 粗粒黑胡椒 —— 少許
│ 酒 —— 1/2 大匙
醬油 —— 1/2 大匙
粗粒黑胡椒 —— 少許

作法

1. 處理食材

紫洋蔥對半切開後，切成 2 ～ 3cm 丁狀。
鴻喜菇切除菇柄根部，分成小朵。巴西里
摘下葉子，切成粗末。

2. 煎鴻喜菇、牛肉並調味

平底鍋中倒入橄欖油加熱，放入鴻喜菇、
攤平，以大火煎。接著加入奶油，待奶
油融化、鴻喜菇稍微上色後，加入牛肉續
煎。煎至牛肉變色後，依序加入材料 A，
快速拌炒。

3. 加入紫洋蔥，最後調味

加入紫洋蔥和奧勒岡，以中火拌炒，加入
醬油炒香。關火，加入巴西里混拌，撒些
黑胡椒。白飯裝盤，盛放上牛肉。

point

巴西里葉切末時，將葉子
抓成一束，在鋪好廚房紙
巾的砧板上進行，就會很
好操作。

打拋豬肉飯

熱門的泰式風味料理。
甜鹹辣的肉末，與羅勒的濃郁香氣，讓人食指大動。
放上荷包蛋，搗開蛋黃配著吃更加美味。

材料（2 人份）

豬絞肉 —— 150g
紅甜椒 —— 1/2 個（50g）
羅勒葉 —— 15 片

A
　蠔油、魚露
　　　—— 各 1/2 大匙
　砂糖 —— 1/2 小匙
油（常備品）—— 1/2 大匙
B
　鹽、粗粒黑胡椒 —— 各少許
　酒 —— 1 大匙
C
　洋蔥（切末）—— 1/4 個（50g）
　薑（切末）—— 1 指節大小
　大蒜（切末）—— 1/2 瓣
　辣椒（去籽、切小段）—— 1 根
　香菜（建議使用，切末）
　　　—— 1 株（5g）
荷包蛋 —— 2 顆
粗粒黑胡椒 —— 少許

作法

1. 處理食材

紅甜椒去籽與蒂，縱向對切後切細條，再切成 1.5cm 小丁。混合拌勻材料 A。

2. 炒絞肉並調味

平底鍋中倒入油加熱，放入豬絞肉、攤平，以大火煎。待煎至絞肉變色，依序加入材料 B 拌炒。

3. 加入佐料與紅甜椒，最後調味

接著加入材料 C，以中火拌炒至香氣溢出後，加入紅甜椒與混合好的材料 A 拌炒均勻，關火，放入羅勒葉拌勻。白飯裝盤，盛放上打拋豬肉，放上荷包蛋、撒些黑胡椒。

memo

脆邊荷包蛋的作法

用直徑尺寸小一點的平底鍋。在鍋中倒入 1 大匙油（常備品）以大火加熱，輕輕打進 1 顆蛋。待蛋白邊緣微黃縮起，蛋白幾乎凝固變白後，關火，利用餘溫讓蛋熟透。

point

泰國料理使用的羅勒是不好取得的聖羅勒（打拋葉）。如果用甜羅勒，可加切碎的香菜莖與根充分拌炒，就能做出更正宗的味道。

榨菜肉末四季豆

鬆散肉末、脆口四季豆與酥香堅果，搭出豐富口感，也可以用柴漬（紫蘇醃茄片）取代榨菜。

材料（2人份）

雞絞肉（建議使用雞腿肉）—— 150g
四季豆 —— 10 根（80g）
洋蔥 —— 1/4 個（50g）

市售調味榨菜 —— 40 ～ 50g
綜合堅果（略切碎）—— 20g
辣椒（去籽、切成兩段）—— 1 根
麻油 —— 1 大匙
A
│ 鹽 —— 1 小撮
│ 粗粒黑胡椒 —— 少許
│ 酒 —— 1 大匙
粗粒黑胡椒、辣油 —— 各少許

作法

1. 處理食材

四季豆切成 4 ～ 5cm 長。洋蔥對半切開後，切成 2 ～ 3cm 丁狀。

2. 炒絞肉並調味

平底鍋中倒入麻油加熱，放入雞絞肉、攤平，以大火煎，接著加入辣椒和四季豆。待絞肉變色後，依序加入材料 A 煎至上色後，大略切劃成塊狀，上下翻面翻炒均勻。

3. 加入洋蔥與榨菜，最後調味

再加入洋蔥、榨菜，轉中火拌炒至熟透後，加入堅果混拌均勻。試吃味道並斟酌加鹽調味。盛放在裝盤的白飯上，撒上黑胡椒和辣油。

韭菜肉末炒蛋

韭菜蛋裡加了絞肉，分量口感升級。
蛋汁裹住煸香的肉末，十分鬆軟可口。

材料（2人份）

豬絞肉 —— 150g
韭菜 —— 1束（100g）
蛋 —— 3顆

大蒜（切末）—— 1/2瓣
鹽 —— 1/4小匙
砂糖 —— 1小匙
A
| 蠔油 —— 1大匙
| 水 —— 1小匙
油（常備品）—— 1大匙
B
| 鹽 —— 1小撮
| 粗粒黑胡椒 —— 少許
| 酒 —— 1大匙
粗粒黑胡椒 —— 少許

作法

1. 處理食材

韭菜切成4～5cm長。將蛋打進調理碗裡，
加鹽、砂糖拌勻。混合拌勻材料A。

2. 炒絞肉並調味

平底鍋中倒入油加熱，放入豬絞肉、攤
平，以大火煎。待絞肉變色後，依序加入
材料B拌炒。

3. 加入韭菜，最後調味，淋蛋液

接著加入韭菜、蒜末與混合好的材料A，
以中火快速拌炒。再淋入蛋液，用橡皮刮
刀大略混拌至幾乎熟透。盛放在裝盤的白
飯上，撒些黑胡椒。

番茄風味煎旗魚

煮至軟爛的小番茄和酸豆的酸味，
醬汁包裹的旗魚，彌漫著香濃奶油的香甜。
用醬油提味後，番茄的鮮美味道很下飯。

材料（2人份）

旗魚 —— 2 片（180g）
小番茄 —— 8 個

大蒜（切末）—— 1/2 瓣
醋漬酸豆 —— 1 大匙
奶油 —— 30g
A
| 鹽 —— 1 小撮
| 粗粒黑胡椒 —— 少許
白葡萄酒 —— 2 大匙
醬油 —— 1 小匙

作法

1. 處理食材

小番茄摘除蒂頭，橫向對切。酸豆瀝掉罐頭裡的湯汁。

2. 煎旗魚並調味

平底鍋中放入 20g 的奶油、蒜末加熱，奶油融化後，放入旗魚以中大火煎。待魚肉色呈金黃後，撒入材料 A，並將旗魚上下翻面。

3. 番茄和酸豆下鍋，最後調味、收汁

將小番茄切面朝上放入鍋中，加入酸豆、白葡萄酒，從鍋底往上大略混拌。待旗魚熟透後，加入醬油、10g 的奶油，邊搖晃平底鍋邊加熱至湯汁收乾。

point

加入小番茄、酸豆、白葡萄酒後大略混拌，讓沉澱在鍋底的鮮味均勻融入整體中，味道會更加鮮美。

香料鱈魚炒鮮蔬

把鍋物常用的鱈魚與香料搭配，
加上色彩繽紛的蔬菜拌炒後，就成了一道時尚料理。
最後擠入的檸檬汁是美味關鍵。

材料（2 人份）

鱈魚 —— 2 片（180～200g）
櫛瓜 —— 1/2 根（80g）
黃甜椒 —— 1 個（100g）
香菜（帶根）—— 1/2 株（7.5g）

大蒜（壓爛）—— 1 瓣
A
| 孜然 —— 1 小匙
| 橄欖油 —— 1 大匙
B
| 鹽、胡椒 —— 各少許
| 白葡萄酒 —— 1 大匙
鹽 —— 1/4 小匙
檸檬（切半月形塊狀）—— 適量

作法

1. 處理食材

鱈魚切成略大的一口大小，撒上 1/4 小匙的鹽（分量外），靜置約 10 分鐘，清洗後用廚房紙巾擦乾水分。櫛瓜切成 5mm 厚的半圓形片。黃甜椒去籽與蒂，切成一口大小的滾刀塊。香菜保留上半部，下半部與根一起切碎。

2. 製作香料油，煎魚並調味

平底鍋中放入材料 A、香菜末、大蒜，以中小火加熱，待香氣溢出後，將鱈魚皮面朝下放入鍋中，以中火香煎。待鱈魚煎至半熟後，依序加入材料 B，快速拌炒。

3. 加入蔬菜，最後調味

接著加入櫛瓜、黃甜椒、鹽拌炒均勻。盛放在裝盤白飯上，擠入檸檬汁，旁邊放上剩餘的香菜末。

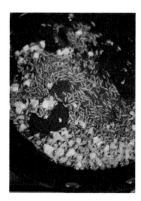

point

香菜的根與莖具有濃郁香氣，與香料一起用油炒過，香氣會釋出至油中。

咖哩蝦西芹炒蛋

帶殼炒香的蝦子是這道料理的主角，
甜中帶點辣味，香氣誘人。
鬆軟的蛋緩和了辣味，使味道變得更溫順。

材料（2人份）

帶殼蝦 —— 150g
洋蔥 —— 1/6 個（35g）
青蔥 —— 5 根
西芹 —— 10cm
蛋 —— 3 顆

牛奶 —— 2 大匙
辣油 —— 1 大匙
A
| 蠔油 —— 1½ 大匙
| 砂糖 —— 2 小匙
| 太白粉 —— 1 小匙
| 水 —— 1/2 杯
B
| 大蒜（切末）—— 1 大瓣（15g）
| 蝦米（建議使用，切末）
| —— 2 ～ 3 隻
| 辣椒（去籽，切成兩段）—— 1 根
| 油（常備品）—— 2 大匙
C
| 鹽 —— 1 小撮
| 粗粒黑胡椒 —— 少許
| 酒 —— 1 大匙
咖哩粉 —— 2 小匙

作法

1. 處理食材

處理帶殼蝦，作法參閱 P34，用廚房紙巾擦乾水分。洋蔥對半切開後，切成 2 ～ 3cm 塊狀，青蔥切成 3 ～ 4cm 長，西芹斜切成薄片。將蛋打進調理碗裡，加入牛奶、辣油拌勻。混合拌勻材料 A。

2. 製作香料油，煎蝦子並調味

平底鍋中放入材料 B，以中小火加熱至香氣溢出後，加入蝦子，轉大火快速略煎兩面，依序加入材料 C。

3. 加入蔬菜，最後調味、加蛋液拌炒

接著加入洋蔥、西芹快速拌炒後，加入咖哩粉拌炒均勻。關火，加入混合好的材料 A，以中火續煮至湯汁變稠後，淋入蛋液，用橡皮刮刀大略混拌至幾乎熟透後，加入青蔥快速拌炒。

point

大蒜放入熱油裡很快就會焦掉，建議用冷油爆香。

多一道步驟變好吃的美味小撇步

料理要做得好吃，關鍵在「食材的事前處理」。
準備起來雖然有點麻煩，
不過，這可是影響美味的重要環節，味道真的有差喔！

蔬菜

無論是做沙拉，還是在拌炒或燉煮料理時，葉菜類應先浸泡在水中，使口感保持爽脆。

用網篩徹底瀝乾水分之後，再開始烹調。做沙拉類的話，建議使用蔬菜脫水器。

肉

肉表面釋出的水分是血水（drip，或稱滲出液），可將肉類平放在鋪好廚房紙巾的托盤內，用紙巾擦乾表面的水分。

絞肉也攤平放在廚房紙巾上，用紙巾按壓擦拭吸除水分。

魚肉片

將魚肉片放在已撒有鹽的托盤裡，表面再撒上鹽，靜置約 10 分鐘。2 塊魚肉片建議用 1/4 小匙的鹽。

魚肉中釋出的水分含有腥臭味，盡速清洗後，用廚房紙巾擦乾。

蝦子

料理若要使用無殼蝦，請先剝除蝦殼；若是使用帶殼蝦，可用料理剪刀的尖端插入蝦殼，稍微剪開蝦背，挑除黑線狀的腸泥。

將處理好的蝦子放入調理碗裡，加少許的鹽和太白粉，均勻抓拌後洗淨。鹽可去除水分與腥味，太白粉則能吸附污垢與腥味。

PART 2

燉煮

本書中的燉煮料理都是用平底鍋製作。平底鍋的表面積較大，
沸騰速度快，能很快就收乾湯汁，烹調起來省時省事。
先拌炒食材鎖住鮮味，直接慢火燉煮，不僅可增加濃郁度與風味，
整體的口感味道也會更豐富。請務必試做看看。

燉煮 1飯1菜 的基本作法

準備　□處理食材

1.

製作香料油

將油與佐料或香料放入平底鍋中一起加熱，讓香料的香味釋放至油中，使油帶有香氣。烹調時使用香料油拌炒食材，可使所有食材吸附香氣，成為料理的特色風味。

2.

炒肉（魚）並調味，加入蔬菜拌炒

肉或魚先烹調至變色後，加入鹽、胡椒調味，然後倒入酒類燜煮，可去除肉或魚的腥味。煮至變軟後，接著再加入蔬菜繼續翻炒均勻。

燉煮料理的基本作法 4 步驟。

燉煮之前，先製作香料油來拌炒肉、魚和蔬菜。

透過這個步驟，可大幅提升料理的風味。

3.
加入調味料
與水分

待所有食材快煮熟時，先將火
關掉，再加入調味料與水分，
並從平底鍋底部往上均勻翻
拌。使沉澱在鍋底的鮮味充分
融入湯汁中，讓味道更均勻。

4.
蓋上鍋蓋燉煮

接著，再次開火，蓋上鍋蓋繼
續燉煮。過程中不時打開鍋蓋
翻動混拌，並撈除表面的浮
渣。如果想保留蔬菜的口感，
可以在此烹調過程加入。

和風馬鈴薯燉雞肉

甜鹹滋味的馬鈴薯燉雞肉。
加入吸飽湯汁的炸豆腐餅，是自家的獨門作法，
煮到鬆軟的雞肉也很好吃。

材料（2人份）

雞腿肉 —— 1 大塊（300g）
馬鈴薯 —— 2 個（320g）
甜豌豆 —— 10 個
炸豆腐餅 —— 1 塊

A
| 洋蔥（切粗末） —— 1/4 個（50g）
| 薑片（切薄片） —— 3 片
| 油（常備品） —— 1 大匙
B
| 鹽 —— 1 小撮
| 粗粒黑胡椒 —— 適量
| 酒 —— 2 大匙
C
| 醬油 —— 2 大匙
| 砂糖 —— 1 大匙
| 水 —— 1 杯

作法

1. 處理食材

馬鈴薯去皮切成一口大小的滾刀塊。甜豌豆撕除筋膜纖維，切成 3 等分。炸豆腐餅切成 6 等分。用廚房紙巾擦乾雞肉表面的水分，剔除多餘的脂肪，切成一口大小。

2. 製作香料油，炒香食材

平底鍋中倒入材料 A，以中火加熱，待香氣溢出後，將洋蔥末移置鍋子的邊緣，再將雞皮面朝下放入鍋中煎。待雞肉變色後，依序加入材料 B，快速拌炒。接著加入馬鈴薯混合拌炒。

3. 加入調味料與水燉煮

待整體變得油亮後，關火，倒入材料 C，從鍋子底部往上翻拌均勻，蓋上鍋蓋，以中火煮約 10 分鐘，過程中不時稍微翻動。再加入炸豆腐餅，蓋上鍋蓋續煮約 5 分鐘，加入甜豌豆，大略混拌 1～2 分鐘，煮至湯汁略收乾。

point

炸豆腐餅比其他食材更容易吸附湯汁，可以稍晚一點再入鍋。

白湯燉雞

滋味溫順，每喝一口彷彿能滲透全身，喚醒活力。
帶骨雞肉的湯汁加上柴魚昆布高湯，味道變得更濃厚。
放些紅棗或枸杞做成藥膳風味也很棒。

材料（2人份）

切塊帶骨雞肉 —— 400g
白花椰菜 —— 1/4 個（150g）
蓮藕 —— 1 小節（100g）
美白菇 —— 1/2 包（50g）

大蔥（切成 1cm 蔥花）—— 1/2 根（50g）
薑（切絲）—— 2 指節大小
A

　大蔥（切末）—— 1/2 根（50g）
　麻油 —— 1/2 大匙
B

　鹽 —— 1/2 小匙
　粗粒黑胡椒 —— 少許
　酒 —— 3 大匙
高湯（昆布鰹魚高湯 P92）—— 2 杯

作法

1. 處理食材

雞肉清洗後，去除血塊，用紙巾擦乾。白
花椰菜切成小朵，蓮藕切成一口大小的滾
刀塊。美白菇切除菇柄根部，分成小朵。

2. 製作香料油，炒香食材

平底鍋中倒入材料 A，以中火加熱，待香
氣溢出後，放入雞肉拌炒，待雞肉變色
後，依序加入材料 B，快速拌炒均勻。接
著加入作法 1 處理好的蔬菜、蔥花、少許
的薑絲快速拌炒。

3. 加入高湯燉煮

待整體變得油亮後，關火，倒入高湯，從
鍋子底部往上翻拌均勻，蓋上鍋蓋，以中
火煮約 15 分鐘，轉小火續煮約 10 分鐘。
過程中不時稍微翻動，試吃味道並斟酌加
鹽調味。盛盤，上面放上剩下的薑絲。

point

雞肉或蔬菜高湯加昆布柴
魚高湯一起煮，味道會變
得更好。

摩洛哥風味燉雞 → P44

柚子胡椒奶油燉雞 → P45

摩洛哥風味燉雞

鬆軟的鷹嘴豆與滿滿香菜的異國風味美食。
散發香甜氣息的香菜根也全部下鍋，
擠些檸檬汁也好吃。

材料（2 人份）

雞腿肉 —— 1 塊（250g）
水煮鷹嘴豆 —— 100g
青椒 —— 1 個（50g）
洋蔥 —— 1/3 個（70g）
香菜（帶根）—— 2 株（30g）

A
| 薑（切末）—— 1 指節大小
| 辣椒（去籽、切成兩段）—— 1 根
| 橄欖油 —— 1/2 大匙

B
| 鹽 —— 1/2 小匙
| 粗粒黑胡椒 —— 適量
| 白葡萄酒（或酒）—— 1 大匙

C
| 番茄泥、水 —— 各 1/2 杯
| 肉桂棒 —— 1/2 枝
粗粒黑胡椒 —— 適量

作法

1. 處理食材

鷹嘴豆快速沖洗，用網篩撈起瀝乾水分。青椒去籽與蒂，與洋蔥皆切成 2cm 丁狀。香菜帶根一起切末。用廚房紙巾擦乾雞肉表面的水分，剔除多餘的脂肪，切成略小的一口大小。

2. 製作香料油，炒香食材

平底鍋中倒入材料 A 和 1/3 量的香菜，以中火加熱，待香氣溢出後，將雞皮面朝下放入鍋中煎。待雞肉變色後，依序加入材料 B 快速拌炒。炒至上色均勻後，加洋蔥丁拌炒。

3. 加入調味料與水燉煮

待整體變得油亮後，關火，倒入鷹嘴豆和材料 C，從鍋子底部往上翻拌均勻，加剩下的香菜，蓋上鍋蓋，以中火煮 7 ～ 8 分鐘，過程中不時稍微翻動。然後加入青椒，不蓋鍋蓋煮至湯汁收乾。試吃味道並斟酌加鹽調味。盛放在裝盤的白飯上，撒些黑胡椒。

point

將白葡萄酒淋在雞肉上燜蒸，不僅肉質會變軟，也能去除肉腥味。

柚子胡椒奶油燉雞

想變化不同口味的奶油燉菜，
可嘗試柚子胡椒口味，味道很棒。
味道濃醇而爽口，十分下飯。

材料（2人份）

雞腿肉 —— 1 大塊（300g）
洋蔥 —— 1/2 個（100g）
綠花椰菜 —— 1/2 個（150g）
胡蘿蔔 —— 1/2 根（80g）

A
| 大蒜（壓爛）—— 1 瓣
| 橄欖油 —— 1/2 大匙
B
| 鹽 —— 1/4 小匙
| 胡椒 —— 少許
| 酒 —— 1 大匙
| 麵粉……1 大匙
C
| 柚子胡椒 * —— 1 小匙
| 水 —— 1 杯
牛奶 —— 1/2 杯
奶油 —— 20g

* 譯注：柚子胡椒是日本九州的特色調味
料，以切碎的香橙皮混合青辣椒和鹽製
成。「胡椒」指的是辣椒。

point

加牛奶時，連同奶油
一起加入烹煮，風味
會變得更好更香醇。

作法

1. 處理食材

洋蔥對半切開後，切成 3cm 丁狀，綠花椰
菜分切成小朵，胡蘿蔔切成一口大小的滾
刀塊。用廚房紙巾擦乾雞肉表面的水分，
剔除多餘的脂肪，對半切開。

2. 製作香料油，煎雞肉

平底鍋中倒入材料 A，以中火加熱，待香
氣溢出後，將雞皮面朝下放入鍋中煎。待
雞肉變色後，依序加入材料 B，並將雞肉
上下翻面煎。

3. 炒蔬菜，加入麵粉拌炒

待雞肉表面上色後，加洋蔥丁、胡蘿蔔快
速拌炒，然後加入麵粉，炒至沒有粉粒的
狀態。

4. 加入調味料與水燉煮

關火，倒入材料 C，從鍋子底部往上翻拌
均勻，至稍微變稠後，蓋上鍋蓋，以中火
煮 5 ～ 6 分鐘。加入牛奶、奶油拌勻，加
綠花椰菜，蓋上鍋蓋，煮約 5 分鐘，過程
中不時翻動。打開鍋蓋，拌煮至濃稠度適
中即可。盛盤，依個人喜好在旁邊放些柚
子胡椒。

滷肉飯

五香粉的清甜香氣，令人彷彿置身台灣街頭品嘗美食。
炒香蝦米和蔥末是帶出香氣的重點，
鮮味與甜味讓整道料理大升級。

材料（2人份）

豬五花肉塊 —— 300g
香菇 —— 2 朵（50g）
青江菜 —— 1 株
水煮蛋 —— 2 顆

大蒜（切末）—— 1 瓣
薑（切末）—— 2 指節大小
A
　大蔥（切粗末）—— 1 根（100g）
　蝦米（切末）—— 1 小匙
　麻油 —— 1 大匙
B
　黑糖（或砂糖）—— 2 大匙
　鹽 —— 1 小撮
　粗粒黑胡椒 —— 少許
　紹興酒（或酒）—— 1 大匙
C
　紹興酒（或酒）、醬油 —— 各 2 大匙
　五香粉 —— 1 小匙
　水 —— 1½ 杯
醋 —— 1/2 大匙

作法

1. 處理食材

香菇切除菇柄根部、切粗末。青江菜縱切成 4 等分，稍微氽燙，擠乾水分。豬五花肉切成 1cm 寬的條狀。

2. 製作焦香油，炒香食材

平底鍋中倒入材料 A，以中火加熱、略炒，炒至蔥末與蝦米的香氣溢出且上色後，放入蒜末、薑末、豬五花肉、香菇末拌炒。待肉變色後，依序加入材料 B，快速拌炒均勻。

3. 加入調味料與水燉煮

關火，倒入材料 C，從鍋子底部往上翻拌均勻，蓋上鍋蓋，以中火煮約 15 分鐘。過程中不時翻動，再放入水煮蛋煮約 10 分鐘，然後加入醋略煮。盛放在白飯上，旁邊放上燙熟的青江菜（或滷蛋）。

point

製作焦香油。將材料均勻攤平於鍋中加熱，當發出啪滋啪滋聲時，就是混拌的時機。直至微焦變稠後，再混拌並攤開，重複這樣的步驟。

將五花肉炒至稍微變色，加入砂糖，可使肉質變得軟嫩且味道更濃郁。

韓式豆腐鍋

稍做調整的韓國嫩豆腐鍋，
甜辣適中，鮮味豐盈。
蔥與麻油的香氣，讓味道變得更深厚。

材料（2 人份）

豬五花肉片 —— 150g
豆腐 —— 1 塊（300g）
舞菇 —— 1 包（100g）
韭菜 —— 10 根
韓式泡菜 —— 100g

A
| 大蔥（切末）—— 1/2 根（50g）
| 麻油 —— 1/2 大匙
B
| 砂糖、鹽 —— 各 1 小撮
| 粗粒黑胡椒 —— 少許
| 酒 —— 1 大匙
C
| 醬油 —— 1 大匙
| 韓式辣醬 —— 1/2 大匙
| 昆布（切成 3～4 等分）
| —— 10cm 方形 1 片（5g）
| 水 —— 2 杯
蛋 —— 1 顆
粗粒辣椒粉、白芝麻粒 —— 各適量

作法

1. 處理食材

豆腐切成 4 等分。舞菇用手撕開。韭菜切成 4～5cm 長。泡菜切成一口大小。豬肉切成 4～5cm 寬。

2. 製作香料油，炒豬肉

平底鍋中倒入材料 A，以中火加熱，待香氣溢出後，放入豬肉片拌炒，待肉片變色後，依序加入材料 B，快速翻炒均勻。

3. 加入調味料、水與配料燉煮

關火，加入泡菜與材料 C，從鍋子底部往上翻拌均勻，加入豆腐、舞菇，蓋上鍋蓋，以中火煮 7～8 分鐘，過程中出現的浮沫要撈除，最後加韭菜混拌。依照喜好打顆蛋，盛入容器，撒些粗粒辣椒粉、白芝麻粒。

point

正宗韓式豆腐鍋通常會使用能帶出湯頭鮮甜美味的蛤蜊，這裡是以煮高湯的昆布取代。

雙茄咖哩雞 → P52

葡萄乾堅果絞肉咖哩 → P53

雙茄咖哩雞

偏愛正宗加香料的咖哩，也是家中餐桌常見的菜色。
製作香料油是關鍵。將孜然炒到周圍形成小氣泡，
融入咖哩中風味就會濃郁有層次。

材料（2人份）

切塊帶骨雞肉（或雞翅）—— 400g
茄子 —— 3 條（360g）

A

洋蔥（切末）—— 1/2 個（100g）	
薑（切末）—— 2 指節大小	
大蒜（切末）—— 1 瓣	
孜然 —— 1 小匙	
肉桂棒 —— 1/2 枝	
月桂葉 —— 1 片	
辣椒（去籽）—— 1 根	
油（常備品）—— 1½ 大匙	

B

鹽 —— 2/3 小匙
粗粒黑胡椒 —— 少許
咖哩粉 —— 1 大匙
番茄罐頭 —— 1 罐（400g）
葛拉姆馬薩拉 * —— 1 小匙
原味優格 —— 1/2 杯
香菜（切碎）—— 適量

* 譯注：Garam masala，混合多種辛香料的
調味料，常見材料為白胡椒、黑胡椒、丁
香、柴桂葉、肉荳蔻、孜然、肉桂、小豆
蔻、香豆蔻、芫荽籽、茴香、辣椒粉等。

作法

1. 處理食材

將罐頭番茄用木鏟壓爛。優格攪拌至呈柔
滑狀。茄子去除花萼，切成一口大小的滾
刀塊。

2. 製作香料油，炒香食材

平底鍋中倒入材料 A，以中火加熱，待香
氣溢出、洋蔥末變成焦黃色後，放入雞肉
塊、茄子拌炒。待雞肉變色後，依序加入
材料 B，快速拌炒均勻。

3. 加入調味料與水燉煮

待整體變得油亮後，關火，倒入番茄，從
鍋子底部往上翻拌均勻，蓋上鍋蓋，以中
火加熱，過程中稍微翻動，煮約 15 分鐘。
煮至湯汁濃縮成 1/2 量時，加入優格、葛
拉姆馬薩拉，中途並不時翻拌，煮約 10 分
鐘。試吃味道並斟酌加鹽調味。盛放在裝
盤的白飯上，撒些香菜。

* 湯汁收得太乾時，可酌加少量的水。

---

memo

替代食材

用甜椒、櫛瓜、青椒、白花椰菜等食
材，取代茄子也很美味。

葡萄乾堅果絞肉咖哩

香甜葡萄乾與鬆脆堅果，為肉末咖哩加分不少。
生薑在這裡不是調味品，而是作為配料，
切成大丁，加進咖哩中，帶出清爽的餘味。

材料（2人份）

豬絞肉 —— 150g
葡萄乾 —— 25g
綜合堅果 —— 20g
薑 —— 2 指節大小

洋蔥（切末）—— 1/2 個（100g）
A
| 大蒜 —— 1 瓣
| 孜然 —— 1 大匙
| 肉桂棒 —— 1 枝
| 月桂葉 —— 1 片
| 辣椒（去籽）—— 1 根
| 油（常備品）—— 1 大匙
B
| 鹽 —— 1/2 小匙
| 粗粒黑胡椒 —— 適量
| 咖哩粉 —— 1 大匙
C
| 番茄泥 —— 1/4 杯
| 原味優格 —— 3 大匙
| 水 —— 1/2 杯
葛拉姆馬薩拉 —— 1/2 小匙
香菜 —— 適量

作法

1. 處理食材

綜合堅果大略切碎。薑切成 5mm 丁狀。

2. 製作香料油，炒香食材

平底鍋中倒入材料 A，以中火加熱，待香氣溢出後，加入葡萄乾和堅果炒至變得油亮。加入洋蔥末，轉中大火拌炒至洋蔥末變得焦黃，加入豬絞肉拌炒。待絞肉炒散且肉變色後，依序加入材料 B 拌炒均勻。

3. 加入調味料與水燉煮

關火，倒入材料 C，從鍋子底部往上翻拌均勻，蓋上鍋蓋，以小火煮 7 ～ 8 分鐘，過程中不時稍微翻動。再加入切成細丁的薑與葛拉姆馬薩拉混拌，煮 2 ～ 3 分鐘。盛放在裝盤的白飯上，放上香菜，依照喜好擠些檸檬汁。

point

最後加點生薑丁稍煮片刻，可享受到薑的清香滋味。

鮮蝦椰奶綠咖哩

辣味中融合了椰奶香甜滋味的泰式咖哩，
這股獨特的味道，讓人一吃就上癮。
蝦子熟得快，最後再放入稍煮片刻就能完成。

材料（2 人份）

帶殼蝦 —— 10 隻（180g）
紅甜椒 —— 1/2 個（50g）
櫛瓜 —— 1/2 根（80g）
香菜（帶根）—— 1 株（15g）

羅勒葉 —— 4～5 片
A
| 大蒜（切末）—— 1/2 瓣
| 孜然 —— 1/4 小匙
| 油（常備品）—— 1 大匙
綠咖哩醬 —— 20～25g
鹽、粗粒黑胡椒 —— 各少許
B
| 魚露 —— 1 小匙
| 砂糖 —— 1/2 大匙
| 椰奶、水 —— 各 1 杯

作法

1. 處理食材

蝦子去殼（參閱 P34 方法處理），用廚房紙巾擦乾水分。紅甜椒去籽與蒂，切成 7～8mm 寬。櫛瓜切成 1cm 厚的半月形。香菜的下半部與根一起切末，上半部粗略切碎。

2. 製作香料油，炒香蔬菜

平底鍋中倒入材料 A、香菜末，以中火加熱，待香氣溢出後，加入櫛瓜、綠咖哩醬拌炒均勻，加鹽和黑胡椒。

3. 加入蝦子、調味料與水燉煮

關火，倒入材料 B，從鍋子底部往上翻拌均勻，蓋上鍋蓋，以中火煮 4～5 分鐘。加入蝦子、紅甜椒續煮約 3 分鐘，過程中出現浮沫要撈除。加入撕碎的羅勒葉大略混拌。盛放在裝盤的白飯上，放些切碎的香菜。

arrange

綠咖哩也很適合搭配麵線，把煮好的麵線盛入碗中，淋上綠咖哩就完成了。

紅酒味噌燉牛肉

這道菜色以「滷內臟」為靈感，搭配了順口的牛肉，
紅酒只是用來提味，算是味噌版的壽喜燒。
與鴨兒芹或茼蒿等，帶香氣或苦味的蔬菜也很搭。

材料（2人份）

牛肉片 —— 200g
牛蒡 —— 1/2 根（80g）
西洋菜 —— 1 束

A
　八丁味噌 *、信州味噌 —— 各 2 小匙
　蜂蜜 —— 1/2 大匙
　水 —— 1/2 杯
B
　大蔥（縱向對切，斜切成薄片）
　　—— 1 根（100g）
　薑（切末）—— 1 指節大小
　大蒜（切末）—— 1 瓣
　油（常備品）—— 1/2 大匙
C
　鹽、粗粒黑胡椒 —— 各少許
　紅葡萄酒 —— 1/4 杯

* 八丁味噌不好取得的話，可增加信州味噌
　的量，並加少許醬油。

作法

1. 處理食材

用棕刷仔細搓洗牛蒡的表皮，縱向對切
後，斜切成薄片。西洋菜泡水使口感爽
脆，略為撕碎。較大片的牛肉，切成適口
大小。混合拌勻材料 A。

2. 製作香料油，炒香食材

平底鍋中倒入材料 B，以中火加熱，待香
氣溢出後，加入牛肉、牛蒡拌炒。待肉片
變色後，依序加入材料 C，煮滾後撈除浮
沫。

3. 加入調味料與水燉煮

關火，倒入材料 A，從鍋子底部往上翻拌
均勻，蓋上鍋蓋，以中火煮 6 ～ 7 分鐘，
煮至湯汁收乾。盛放在裝盤的白飯上，放
上西洋菜。

memo

八丁味噌

僅使用大豆和鹽，經長時
間熟成製作的味噌，濃醇
感與澀味為其特色。可用
於燉牛肉或豬肉味噌湯的
提味，味道會變得更深厚。

雙茄香草燉牛肉

以在土耳其老街食堂吃過的燉煮料理為發想，
當地是使用名為「Salça」的番茄發酵調味料，
這道配方中以大量的番茄糊取代。

材料（2人份）

牛肉片 —— 150g
茄子 —— 3 條（360g）
番茄 —— 1 個（150g）
青椒 —— 1 個（50g）

洋蔥（切末）—— 1/2 個（100g）
A
　大蒜（切末）—— 1 瓣
　孜然（建議使用）—— 1 小匙
　橄欖油 —— 1½ 大匙
B
　鹽 —— 1 小撮
　粗粒黑胡椒 —— 少許
　白葡萄酒 —— 1 大匙
番茄糊 —— 2 大匙
C
　乾燥奧勒岡 —— 1 小匙
　月桂葉 —— 1 片
　鹽 —— 1 小匙
　水 —— 1¼ 杯

作法

1. 處理食材

番茄汆燙去皮後，大略切塊。青椒去籽與蒂，切成 1cm 寬的片狀。茄子去除花萼，切成 2cm 厚的半月形。

2. 製作香料油，炒香食材

平底鍋中倒入材料 A，以中火加熱，待香氣溢出後，加入牛肉片大火拌炒。待肉片變色後，依序加入材料 B，快速拌炒均勻。接著加茄子、洋蔥末拌炒，炒至變得油亮後，放入番茄糊拌炒，再加入番茄，中火炒 4 ～ 5 分鐘。

3. 加入調味料與水燉煮

番茄變軟爛後，關火，放入材料 C，從鍋子底部往上翻拌均勻，蓋上鍋蓋，以小火煮約 15 分鐘，過程中不時翻動，再加入青椒略煮。試吃味道並斟酌加鹽調味。

point

加入番茄糊拌炒能添加酸香度，味道會變得濃郁而豐富。

墨西哥辣肉醬

來自墨西哥的美國國民美食。
忘不了在亞利桑那州，嘗到的墨式煙燻辣椒粉的香氣，
這是經過反覆試做，終於完成的自信之作。

材料（2 人份）

牛豬混合絞肉 —— 200g
水煮紅腰豆 —— 1 包（淨重 230g）
洋蔥 —— 1/2 個（100g）
西芹 —— 1/2 根（50g）

A

大蒜（切末）—— 1 瓣
孜然 —— 1/2 小匙
肉桂棒 —— 1/2 枝
辣椒（去籽）—— 1 根
橄欖油 —— 1 大匙

B

鹽 —— 1 小撮
粗粒黑胡椒 —— 適量
紅葡萄酒 —— 1½ 大匙

C

墨西哥香料粉 —— 2 小匙
乾燥奧勒岡 —— 1/2 小匙
月桂葉 —— 1 片
鹽 —— 1/2 小匙
番茄泥、水 —— 各 1/2 杯
披薩起司絲 —— 30 ～ 40g

作法

1. 處理食材

紅腰豆快速沖洗，用網篩撈起，瀝乾水分。洋蔥、西芹切末。

2. 製作香料油，炒香食材

平底鍋中倒入材料 A，以中火加熱，待香氣溢出後，加入絞肉、攤平，以大火煎。待絞肉變色後，加入材料 B、紅葡萄酒拌炒，接著加入洋蔥末、西芹末拌炒均勻。

3. 加入調味料與水燉煮

待蔬菜變得軟透後，關火，放入紅腰豆與材料 C，從鍋子底部往上翻拌均勻，蓋上鍋蓋，以中火煮約 10 分鐘，過程中不時翻動，煮至湯汁收乾。試吃味道並斟酌加鹽調味，最後加入起司絲，蓋上鍋蓋，小火略煮 1 ～ 2 分鐘，煮至起司絲融化。

memo

墨西哥香料粉

以辣椒為基底的混合香料粉。也可使用辣椒粉或一味辣椒粉替代，不過味道會有差異。添加一些在沙拉的淋醬或拌炒料理，就能享受到墨西哥風味。

絞肉燒白菜

這道菜是以中式料理獅子頭為概念，
絞肉下鍋不炒鬆散，而是煎成大塊的肉餅狀。
煮至軟爛的白菜吸足了肉汁的鮮味，無比美味。

材料（2人份）

豬絞肉 —— 200g
白菜 —— 1/6 個（450g）
香菇 —— 2 朵（50g）
大蔥 —— 1 根（100g）

太白粉 —— 2 小匙

A
| 紹興酒（或酒）—— 3 大匙
| 醬油 —— 2 小匙
| 砂糖 —— 1/2 小匙
| 水 —— 1/4 杯

B
| 薑（切末）—— 1½ 指節大小
| 麻油 —— 1 大匙

C
| 鹽 —— 1/4 小匙
| 粗粒黑胡椒 —— 適量
粗粒黑胡椒 —— 適量

作法

1. 處理食材

白菜大略切塊，香菇切除菇柄後切薄片，
大蔥切成 1cm 長。豬絞肉加太白粉拌合。
混合拌勻材料 A。

2. 製作香料油，拌炒絞肉

平底鍋中倒入材料 B，以中火加熱，待香
氣溢出後，加入絞肉、攤平，以大火煎。
待絞肉變色後，加入材料 C 煎至均勻上
色，大略劃開分成大塊狀，上下翻面煎。

3. 加入蔬菜、調味料與水燉煮

關火，加入白菜、香菇、大蔥和混合好的
材料 A，從鍋子底部往上翻拌均勻，蓋上
鍋蓋，以中火煮 15 ～ 20 分鐘。過程中不
時翻動，煮至白菜變軟。盛放在裝盤的白
飯上，撒些黑胡椒。

point

將絞肉攤平放在鍋
裡煎，是自家的獨
特料理作法。用這
樣的方式，能讓肉
變得更芳香且濃縮
鮮味。

待絞肉變色後，大
略切劃分成大塊，
再上下翻面煎，完
成的大塊肉餅，肉
質柔軟味道更鮮美。

菠菜肉醬

這道菜的靈感是來自土耳其的經典料理。
道地的吃法以菠菜為主，這裡加了絞肉來豐富分量。
佐以優格醬配著吃，最是美味。

材料（2 人份）

牛絞肉 —— 100g
菠菜 —— 2 束（400g）
番茄 —— 1 個（150～170g）

洋蔥（切末）—— 1/4 個（50g）
A
  | 大蒜（切末）—— 1 瓣
  | 辣椒（去籽、切成兩段）
    —— 1 根
  | 橄欖油 —— 1 大匙
B
  | 鹽 —— 1 小撮
  | 粗粒黑胡椒 —— 少許
  | 白葡萄酒 —— 1 大匙
番茄糊 —— 1 大匙
C
  | 鹽 —— 1/2 小匙
  | 水 —— 1 杯
優格醬
  | 原味優格 —— 1 杯
  | 鹽 —— 1/4 小匙
  | 橄欖油 —— 1 大匙
粗粒辣椒粉 —— 少許

作法

1. 處理食材

平底鍋加水煮沸，將菠菜的根與莖先稍微汆燙，再放入其餘的部分略汆燙，撈起用水沖洗，擠乾水分。根部切粗末，葉子和莖切成 2～3cm 長。番茄去除蒂頭後切塊。

2. 製作香料油，炒香食材

平底鍋中倒入材料 A，以中火加熱，待香氣溢出後，加入牛絞肉、攤平，以大火煎。待絞肉變色後，依序加入材料 B，邊拌炒邊撥散。加入洋蔥末、番茄糊拌炒，再加入番茄拌炒至變得軟爛後，加入菠菜混合拌炒。

3. 加入調味料與水燉煮

待菠菜變得軟透，關火，倒進材料 C，從鍋子底部往上翻拌均勻，蓋上鍋蓋，以中火煮 20 分鐘，過程中不時翻動，煮至菠菜變得軟爛。移除鍋蓋，煮 1～2 分鐘至湯汁收乾。試味道並斟酌加鹽調味。盛放在裝盤的白飯上，淋入拌好的優格醬、撒些辣椒粉。

point

用平底鍋水煮菠菜很輕鬆。先將根部、莖放入沸水中略汆燙後，再把葉子全量放入汆燙即可。

想知道卻不好意思問的材料分量

食譜書中常會看到的用語「鹽少許」、「鹽 1 小撮」,
這些常見的分量標示,你究竟了解多少呢?
以下介紹的是你可能知道,卻不太清楚的基本常識,以及建議記住的蔬菜重量。

◎鹽的分量　建議自己試著抓測看看。

少許

用拇指和食指捏起的分量,通常約 0.4g。

1 小撮

用拇指、食指和中指捏起的分量,通常約 0.8g。

◎佐料的分量　1 瓣和 1 指節大小其實也有基準重量。

大蒜
1 瓣

從整顆蒜頭剝開的一小塊,雖然大小不一,通常是 7 ～ 10g。

薑
1 指節大小

大拇指第一個關節長度的大小,約 10g。

◎經常使用的蔬菜 1 個、1 束是幾公克?　瞭解蔬菜的基準重量,做菜的成功機率就會提高。

蔬菜	個數與公克
番茄	1 個 = 150 ～ 170 g
馬鈴薯	1 個 = 150 ～ 160 g
洋蔥	1 個 = 200 ～ 220 g
大蔥	1 根 = 100 ～ 120 g
胡蘿蔔	1 根 = 160 ～ 180 g

蔬菜	個數與公克
青椒	1 個 = 40 ～ 50 g（1包約150g）
甜椒	1 個 = 100 ～ 150 g
高麗菜	1 個 = 900 ～ 1200 g
小松菜	1 束 = 300 g
牛蒡	1 根 = 100 ～ 150 g

PART 3

涼拌

這是以炒過、煎過或水煮過的肉或魚搭配新鮮蔬菜，
並用淋醬或醬汁拌合成的豐盛沙拉。
添加了肉或魚，再多的蔬菜也能大口吃下。
每道都是享受得到生鮮蔬菜爽脆口感的美味沙拉飯。

涼拌 沙拉飯 的基本作法

準備 □ 將淋醬材料倒入大調理碗混拌

1. point

蔬菜泡水

葉菜類不要切,浸泡在水中使
其保持脆嫩,然後瀝乾水分。
蔬菜泡水後因吸收水分會變得
新鮮多汁,仔細拭乾多餘的水
分,能讓醬汁更均勻沾附。

2.

肉(魚)加熱

這個步驟是將肉或魚進行加熱
烹調。本單元以煎炸、水煮、
燜燒的烹調方式為主。沙拉裡
加了肉或魚不僅更有飽足感,
而且更適合搭配米飯。

添加肉或魚等蛋白質食材的沙拉基本作法 4 步驟。

因為是一道簡單的料理，

每一個步驟更要仔細完成。

3.

肉（魚）的調味

將烹調好的肉或魚，趁熱與醬汁充分混合拌勻。趁熱的時候混拌，食材更容易入味。

4.

加入蔬菜混拌

最後加入處理好的蔬菜，輕輕混合均勻。拌勻後放置一段時間，蔬菜會變軟、出水，使味道變淡，食用前最好稍微攪拌再享用。

雙瓜豬肉沙拉

軟嫩多汁的水煮豬肉，
搭配口感爽脆的蔬菜吃剛剛好。
梅醬的酸味很開胃，即使沒有胃口也可以吃得下。

材料（2 人份）

豬肉火鍋片 ── 150g
苦瓜 ── 1/2 條（100g）
茗荷 ── 1 個
小黃瓜 ── 1 條

梅醬

甜醃梅（大）── 2 顆（去籽、壓爛，20g）
醋 ── 2 大匙
醬油 ── 1 大匙
蜂蜜 ── 1/2 小匙
油（常備品）── 1 大匙

白芝麻粒 ── 少許

作法

1. 處理食材

苦瓜縱向對切，去籽與囊，切成薄片，撒上少許鹽（分量外）靜置 2 ～ 3 分鐘後，清洗並瀝乾水分。茗荷切成細絲泡水後，撈起瀝乾水分。小黃瓜用少許鹽（分量外）搓洗，切成 5 ～ 6cm 長的細絲，輕輕擠乾水分。豬肉切成 4 ～ 5cm 寬。

2. 煮熟肉片

平底鍋加水煮沸，加入 1 大匙酒（分量外），以微火燙煮豬肉片，待肉片變色後，用網篩撈起瀝乾水分。

3. 淋上醬汁

將梅醬的材料倒入調理碗裡，放入作法 2 與茗荷以外的蔬菜混合拌勻。盛放在裝盤的白飯上，撒些茗荷絲、白芝麻粒。

point

用微火狀態的熱水（水面微微晃動）燙煮豬肉，這樣就可避免肉質因為加熱過度而變硬。

將煮熟的豬肉撈起放涼即可，不要浸泡在水中降溫，以免肉質變硬。

酪梨豬肉韭菜醬沙拉

美味的關鍵在於使用大量的韭菜醬汁。
原本只是用來拌麵，現在成了家中夏季的必備品。
濃郁的甜辣味與任何肉類或蔬菜都很搭，絕對下飯的保證。

材料（2人份）

豬五花肉片 —— 150g
酪梨 —— 1個

韭菜醬（方便製作的分量）
　韭菜 —— 1/2 包（50g）
　青蔥 —— 1/3 包（30g）
　蠔油、醬油、砂糖、麻油
　　　—— 各 1 大匙
　辣椒（去籽、切小段） —— 1/2 根
　白芝麻粒（乾炒） —— 1 大匙
檸檬汁 —— 1½ 小匙
麻油 —— 1/2 大匙
B
　鹽 —— 1 小撮
　粗粒黑胡椒 —— 少許
　酒 —— 1 大匙

作法

1. 製作醬汁

韭菜切成韭菜末、青蔥切成蔥花，放入調理碗裡，加入剩下的材料混合拌勻，靜置約 10 分鐘。

2. 處理食材

酪梨對半切開去核、去皮，切成 1cm 寬大小，加 1 小匙檸檬汁拌合。豬肉切成 4 ～ 5cm 寬。

3. 炒豬肉

平底鍋中倒入麻油，放入豬肉片、撥散，以大火炒散開，待肉片變色後，依序加入材料 B，拌炒至肉熟透後，加 1/2 小匙檸檬汁快速拌勻。與酪梨一起擺在白飯上，淋上作法 1 的韭菜醬。

---

memo

「韭菜醬」的用法

可作為煎好的牛肉、雞肉、竹莢魚、鰤魚等烤魚或冷豆腐的醬汁。用來拌佐煮熟的油麵或烏龍麵也很美味。
※ 韭菜醬冷藏約可保存 1 週。

日式雞胸南蠻漬

速成高湯的鮮味是美味的祕訣。
酸甜辣的味道中多了一股溫潤滋味。
口感乾柴的雞胸肉，撒上太白粉後會變得軟嫩。

材料（2人份）

雞胸肉（去皮）—— 1塊（250～280g）
青椒 —— 1個（50g）
紫洋蔥 —— 1/4個（50g）
胡蘿蔔 —— 1/3根（60g）

A
　熱水 —— 3/4杯
　醋 —— 1/2杯
　柴魚片 —— 5g
　昆布 —— 5cm方形1片（2.5g）
B
　醬油、醋 —— 各2大匙
　砂糖 —— 1½大匙
　辣椒（去籽、切成兩段）—— 1根
太白粉 —— 適量
油（常備品）—— 1大匙
C
　鹽 —— 1小撮
　粗粒黑胡椒 —— 少許
　酒 —— 2大匙

作法

1. 製作南蠻醋

將材料A倒入調理碗裡，靜置約1分鐘後過濾，加入材料B混合拌勻。

2. 處理食材

青椒去籽與蒂，與胡蘿蔔切成5～6cm細絲。紫洋蔥切成薄片。雞胸肉切成一口大小，用廚房紙巾擦乾水分，撒上薄薄一層太白粉。

3. 煎雞肉

平底鍋中倒入油加熱，加入雞胸肉，以中火煎，待雞肉變色後，依序加入材料C，蓋上鍋蓋，轉小火燜燒3～4分鐘。過程中上下翻面煎。

4. 南蠻醋醃漬

待雞肉熟透後，趁熱與蔬菜一起用作法1的南蠻醋醃漬，靜置5分鐘以上至入味。

memo

另一種口味的醬汁「鹽檸檬醬」

材料（方便製作的分量）
大蔥（切末）—— 1/2根
薑（磨泥）—— 少許
檸檬汁 —— 2大匙
蜂蜜 —— 1大匙
鹽 —— 1/2小匙
油（常備品）—— 1大匙

作法
將除了油以外的所有材料充分混合，待鹽溶解後，加入油混合拌勻即完成。
※ 冷藏約可保存3天。

青椒醬牛肉沙拉

散發新鮮香氣的青椒醬，讓人一吃上癮，
與任何肉類或蔬菜搭配都能變得清新爽口。
肉片淋上香氣醇厚的醬汁，每一口都會帶給你滿滿的活力。

材料（2 人份）

牛肉薄片 —— 250g

青椒醬（方便製作的分量）
| 青椒 —— 3～4 個（150g）
| 洋蔥（切粗末）—— 1/3 個（70g）
| 醋 —— 4 大匙
| 鹽 —— 1/2 小匙
| 橄欖油 —— 2 大匙
橄欖油 —— 1/2 大匙
A
| 鹽 —— 1/3 小匙
| 粗粒黑胡椒 —— 少許
粗粒黑胡椒 —— 少許

作法

1. 處理食材

用廚房紙巾擦乾牛肉表面的水分，切成一
口大小，靜置降至室溫。

2. 製作醬汁

青椒去籽與蒂，切成 1cm 丁狀，放入調理
碗裡，加入剩下的材料混合拌勻。

3. 煎肉並調味

平底鍋中倒入橄欖油加熱，加入牛肉片以
大火煎。待肉片變色後，加入材料 A 煎至
肉片完全熟透。盛放在裝盤的白飯上，淋
些作法 2 的青椒醬、撒些黑胡椒。

---

memo

「青椒醬」的用法

很適合作為嫩煎豬排或雞排、烤羊小
排、奶油香煎鮭魚、炸白肉魚、水煮馬
鈴薯、水煮蛋的醬汁。
※ 青椒醬冷藏可保存 3 天。

速成韓式拌飯

甜辣鹹香的絞肉絲，搭配調味過的豐富蔬菜
全部加入充分拌合，就是誘人食慾的韓式拌飯。
以韓式辣醬為基底調成的拌飯醬，讓美味更加分。

材料（2人份）

牛絞肉 —— 150g
甜椒 —— 1/3 個（40g）
青蔥 —— 6 根
芽菜 —— 適量
韓式泡菜、喜歡的海苔 —— 各適量

拌飯醬（方便製作的分量）
| 韓式辣醬 —— 1 大匙
| 醋 —— 1 小匙
| 砂糖 —— 1/4 小匙
| 醬油 —— 1/2 小匙

A
| 麻油 —— 1/2 大匙
| 鹽、粗粒黑胡椒 —— 各少許
| 酒 —— 1 大匙
| 大蒜（磨泥）—— 少許
| 醬油 —— 1½ 大匙
| 砂糖 —— 2 小匙

B
| 麻油、鹽 —— 各少許

C
| 麻油 —— 1 大匙
| 鹽 —— 1 小撮
| 白芝麻粒 —— 少許
白芝麻粒 —— 適量

作法

1. 製作拌飯醬

將拌飯醬的材料倒入調理碗裡混合拌勻。

※ 拌飯醬冷藏可保存 3 天。

2. 炒肉

平底鍋中倒入材料 A 的麻油加熱，加入牛絞肉、攤平，以大火煎。待絞肉變色後加入其餘的材料 A，邊拌炒邊撥散，炒至湯汁收乾。

3. 處理蔬菜

甜椒去籽與蒂，切成 3 ～ 4cm 長的細絲，加入材料 B 混拌。青蔥切成 3 ～ 4cm 長，加入材料 C 混拌。芽菜切除根部，泡菜切成適口大小。將白飯盛裝入盤，放上作法 2 與海苔，撒些白芝麻粒，旁邊淋入少許作法 1 的拌飯醬，拌一拌即可享用。

memo

韓式辣醬

韓國的甜辣味噌。與日本的味噌一樣，常與酒、醬油、砂糖搭配用於拌炒，或是做拌菜。在豬肉味噌湯加一點味道也很棒。

咖哩肉末沙拉

沖繩塔可飯（Taco Rice）風味的沙拉。
新鮮蔬菜與咖哩肉末粗略混拌一口吃下，
多種質地與口感在口中合為一體。

材料（2人份）

豬絞肉 —— 200g
青椒 —— 1個（50g）
小番茄 —— 5個
萵苣 —— 適量

薑（磨泥）—— 1指節大小
A
| 洋蔥（切末）—— 1/4個（50g）
| 麻油 —— 2大匙
B
| 鹽 —— 1/4小匙
| 粗粒黑胡椒 —— 各少許
| 咖哩粉 —— 1大匙
| 砂糖、醬油 —— 各2小匙
粗粒黑胡椒、披薩起司絲 —— 各適量

作法

1. 處理食材

青椒去籽與蒂、切末。小番茄去蒂，切成4等分。萵苣切絲。

2. 拌炒絞肉與青椒

平底鍋中倒入材料A，以中火加熱，待香氣溢出後，加入豬絞肉、攤平，以大火煎。待絞肉變色後，加入材料B拌炒。接著加青椒、薑泥快速拌炒，撒些黑胡椒混拌。將萵苣絲、起司絲、小番茄擺放在裝盤的白飯上，再盛放炒好的青椒肉末。

point

最後多撒些粗粒黑胡椒，可為料理增添香氣，增加刺激感。

酪梨魩仔魚沙拉

只需將搗碎的酪梨加上魩仔魚調拌，
再擺上茗荷、蔥花與柴魚片，就能完成的簡單美味。
營養滿點，讓人會一再回味的味道。請充分拌合後享用。

材料（2人份）

魩仔魚乾 —— 40g
酪梨 —— 1個
茗荷 —— 1個
大蔥 —— 適量

薑（磨泥）—— 1½ 小匙
檸檬汁 —— 1小匙
柴魚片 —— 適量
醬油 —— 適量

作法

1. 處理食材、盛盤

茗荷切小段，大蔥切成蔥花，浸泡水後用
網篩撈起，瀝乾水分。酪梨對半切開去
核、去皮，用叉子搗碎壓爛，加入檸檬汁
混合拌勻。

將酪梨、茗荷、蔥花與魩仔魚，盛放在裝
盤的白飯上，旁邊擺放薑泥與柴魚片、淋
入少許醬油。

point

酪梨用叉子的背面搗碎壓
爛成滑順的泥狀。

鮪魚萵苣夏威夷拌飯 → P86

香辣鮭魚夏威夷拌飯 → P87

鮪魚萵苣夏威夷拌飯

在夏威夷當地吃過這道拌飯後，
將它變成家中的日常菜色。山葵醬油之外，
味醂與麻油的特殊風味，為生魚片增添甜味與香醇。

材料（2人份）

鮪魚生魚片 —— 200g
洋蔥 —— 1/8 個（25g）
紅葉萵苣 —— 適量
青蔥 —— 少許
櫻桃蘿蔔（建議使用）—— 2〜3 個
芽菜（青花菜苗等）—— 適量

鹽 —— 1 小撮
A
│ 醬油 —— 2 大匙
│ 味醂 —— 1 小匙
│ 山葵醬 —— 1 小匙
麻油 —— 1 大匙
黑芝麻粒 —— 少許

作法

1. **處理食材**

洋蔥切成薄片，浸泡水後用網篩撈起，擦
乾水分。紅葉萵苣撕成適口大小。青蔥切
成蔥花，櫻桃蘿蔔切成薄片。混合拌勻材
料A。

2. **鮪魚生魚片調味**

鮪魚生魚片切成一口大小，用廚房紙巾擦
乾表面的水分。食用前撒上鹽、加入材料
A混合拌勻，靜置1〜2分鐘，再加入麻
油拌勻。將洋蔥鋪放在盛盤的白飯上，接
著擺放鮪魚、萵苣、芽菜、櫻桃蘿蔔，撒
些蔥花和黑芝麻粒。

point

鮪魚先拌油會不好入味，
建議先撒鹽、加醬汁混合
拌勻後，再加油調拌。

香辣鮭魚夏威夷拌飯

拌飯的醬汁是以美乃滋為基底，
調合塔巴斯科辣椒醬的勁辣與檸檬的酸爽。
請使用喜歡的生魚片與蔬菜製作。

材料（2 人份）

鮭魚生魚片 —— 200g
飛魚卵 —— 2 大匙
紅葉萵苣、青蔥 —— 各少許
芽菜（紫高麗菜芽等）—— 適量

鹽 —— 1 小撮
香辣美乃滋
　美乃滋 —— 3 大匙
　檸檬汁 —— 1 大匙
　塔巴斯科辣椒醬 —— 1/2 小匙
　鹽 —— 1/4 小匙
檸檬（切半月形）—— 適量

作法

1. 處理食材

紅葉萵苣切成細絲，青蔥切成蔥花，芽菜切除根部。混合拌勻香辣美乃滋的材料。

2. 鮭魚生魚片調味

鮭魚生魚片切成 1.5cm 丁狀，用廚房紙巾擦乾表面的水分。食用前撒上鹽、加入香辣美乃滋混合拌勻。將少許的萵苣絲、芽菜鋪放在盛盤的白飯上，接著擺鮭魚，以及剩下的芽菜。放入飛魚卵、擠入檸檬汁，依照喜好滴 1 ～ 2 滴的塔巴斯科辣椒醬。

memo

「香辣美乃滋」的用法

適合用來作為炸薯條、炸雞，或水煮白花椰菜的沾醬。也可以用豆瓣醬或韓式辣椒醬代替塔巴斯科辣椒醬來製作韓式風味的醬汁。

日式風味雞絞肉拉帕 → P90

白肉魚拉帕 → P91

日式風味雞絞肉拉帕*

大量使用日式風的佐料，
味道比原本更清淡、更清爽。
調味上青紫蘇與茗荷是必備，其他可依喜好斟酌使用。

材料（2 人份）

雞絞肉（建議使用雞腿肉）—— 150g
紫洋蔥 —— 1/4 個（50g）
佐料
| 鴨兒芹 —— 1 包（50g）
| 青蔥 —— 5 根
| 青紫蘇 —— 10 片
| 茗荷 —— 1～2 個

檸檬醬油
| 薑（磨泥）—— 1 指節大小
| 大蒜（磨泥）—— 少許
| 檸檬汁（或柚子汁）—— 2 大匙
| 醬油 —— 1 大匙
| 砂糖 —— 1/4 小匙
油（常備品）—— 1/2 大匙
A
| 鹽、粗粒黑胡椒 —— 各少許
| 酒 —— 1 大匙

作法

1. 處理食材

紫洋蔥橫向對切後，切成薄片。
鴨兒芹切成 2cm 長，青蔥切成蔥花。青紫蘇縱切成 4 等分，切細絲。茗荷縱向對切，再切成薄片，浸泡水後瀝乾水分。混合拌勻全部的佐料。

2. 炒雞絞肉

平底鍋中倒入油加熱，加入雞絞肉、攤平，以大火煎，待絞肉變色後，依序加入材料 A，大略切劃開，上下翻面炒。

3. 製作檸檬醬油，混拌材料

將檸檬醬油的材料倒入大一點的調理碗裡混合拌勻，佐料先預留少量當作裝飾備用。接著加入作法 2、紫洋蔥與剩下的佐料拌合。盛放在裝盤的白飯上，擺放上裝飾用的佐料。

---

memo

「檸檬醬油」的用法

用來做涮豬肉，或沙拉麵的醬汁也很好吃。也可以用 1/2 小匙的鹽取代醬油，味道會更清淡，加在略烤過的肉類上味道也很棒。

* 編注：寮國或泰國一種以碎肉製成的沙拉，是用剁碎的雞肉、牛肉、鴨肉、魚肉、豬肉或蘑菇，混合魚露、青檸汁製成。使用的肉可以是生肉也可以是熟肉。

白肉魚拉帕

這是來自寮國與泰國依善地區的沙拉。
當地是用絞肉製作,不過使用生魚片更簡單。
增添清爽香氣的薄荷葉,記得一定要放喔!

材料（2人份）

白肉魚生魚片（鱸魚等）—— 200g
小番茄 —— 5～6個
紫洋蔥 —— 1/4個（50g）
香菜（帶根）—— 1～2株（15～30g）
薄荷 —— 1把（5g）

麻辣魚露

　薑（磨泥）—— 1指節大小
　大蒜（磨泥）—— 少許
　檸檬汁（含果肉）—— 2大匙
　魚露 —— 1大匙
　粗粒辣椒粉 —— 1小匙
　砂糖 —— 1/2小匙
　白芝麻粒 —— 1小匙

作法

1. 處理食材

小番茄摘除蒂頭,切成4等分。紫洋蔥橫向對切,切薄片。香菜的下半部和根一起切末,上半部大略切碎。薄荷摘下葉子的部分。白肉魚片切成一口大小。

2. 製作麻辣魚露,混拌所有材料

將麻辣魚露的材料倒入大一點的調理碗裡混合拌勻,香菜與薄荷預留少許當作裝飾備用。接著加入白肉魚、小番茄、紫洋蔥,以及剩下的香菜與薄荷拌合。盛放在裝盤的白飯上,擺放上裝飾用的香菜和薄荷。

---

memo

「麻辣魚露」的用法

用來醃漬花枝或蝦子等海鮮也很美味;或是當作冬粉沙拉的淋醬,再加些蝦子就變成泰式涼拌冬粉。

簡易高湯的製作

熬高湯或許會讓你覺得有點麻煩。然而,用昆布和柴魚片製成的高湯,
有著市售高湯所沒有的鮮味與香氣。在此介紹的簡易高湯製作方法,
不需要用鍋子就能完成,省時省事很方便。

材料(2杯的量)

柴魚片 *……10g
昆布 —— 5g
熱水 —— 2½杯

* 柴魚片建議使用含血合肉的高級品。

作法

1.

在耐熱杯或調理碗裡放
入柴魚片和昆布,倒入
材料分量的熱水。

2.

靜置約1分鐘。

3.

網篩中鋪放廚房紙巾,
放在調理碗上,再倒入
作法2,過濾出高湯。

4.

高湯完成。就跟用鍋子
熬煮的高湯一樣散發清
香。

PART 4

燗 燒

利用食材本身的水分與少許的調味料，蓋上鍋蓋加熱的烹調方法。

就算是比較費時的南瓜、蓮藕、牛蒡等蔬菜，也可以在短時間內熟透鬆軟，

由於不需額外添加水分，更能感受到食材本身的鮮美。

而且，連帶肉或魚也會變得鮮腴可口。

燗燒 1飯1菜 的基本作法

準備　□ 處理食材

1.

加熱肉（魚）

將肉或魚先加熱烹調，若搭配
茄子或番薯等不易煮熟的蔬
菜，可以先加入蔬菜烹調，或
是與肉、魚一起放入烹調。

2.

初步調味

待肉或魚加熱至變色後，撒上
鹽、胡椒調味，然後倒入酒類
混合。加入酒燗蒸可使肉或魚
變得更加軟嫩，同時還有消除
腥味的效果。

燜燒的基本作法很簡單，只要把肉、魚和蔬菜放入鍋中，蓋上鍋蓋加熱。
利用緊密貼合的鍋蓋，鎖住熱氣與美味，輕鬆完成可口的料理。

3.

加入蔬菜燜燒

加入蔬菜快速拌炒，再蓋上鍋
蓋燜燒。蓋上鍋蓋能讓食材釋
出的水分變成水蒸氣，使食材
更快熟透、變軟。將鍋蓋附著
的水蒸氣留在鍋內是重點。

4.

最後調味，
蓋上鍋蓋燜燒

食材在未熟透前會出水，因此
待所有食材快煮熟，再加入調
味料。調味之前先將火關掉，
加入調味料後，從鍋底往上翻
拌均勻，再蓋上鍋蓋燜燒。

醬燒南瓜豬肉

綿密鬆軟的南瓜經過燜燒後，
更加突顯美味。搭配對味的豬肉，
鮮美可口令人食指大動。

材料（2人份）

豬五花肉片 —— 150g
南瓜 —— 150g（淨重）
綠花椰菜 —— 1/3 個（100g）
鴻喜菇 —— 1 包（100g）

油（常備品）—— 1/2 大匙
A
| 鹽、粗粒黑胡椒 —— 各少許
| 酒 —— 1 大匙
B
| 醬油、味醂 —— 各 2 大匙
粗粒黑胡椒 —— 少許

作法

1. 處理食材

南瓜去籽與囊，切成小塊。綠花椰菜切分成小朵，體積較大的再對半切開。鴻喜菇切除菇柄根部，分成小朵。豬肉片切成 4～5cm 寬。

2. 炒豬肉並調味

平底鍋中倒入油，加入豬肉片撥散，以中火拌炒。待肉片變色後，依序加入材料 A，快速翻炒均勻。

3. 加入蔬菜燜燒

接著加入作法 1 處理好的蔬菜快速拌炒，蓋上鍋蓋，以中火燜燒 3 分鐘。

4. 調味、燜燒

關火，加入材料 B，從鍋子底部往上翻拌均勻，再蓋上鍋蓋，過程中翻拌 1～2 次，以小火燜燒 3～4 分鐘，直至湯汁幾乎收乾。盛放在裝盤的白飯上，撒些黑胡椒。

memo

替代食材

蔬菜以蓮藕、番薯、櫛瓜、白花椰菜等代替也很好吃。

水果香草燒豬肉

香草醃漬的豬肉搭配水果一起燉煮，
普通的菜色立刻變成一道精緻的佳餚。除了柳橙，
其他都是當令水果，酸甜滋味的水果最對味。

材料（2人份）

豬肩胛肉（炸豬排用）
—— 2 塊（260～300g）
柳橙 —— 2 片
葡萄（免剝皮）—— 5～6 粒
金桔 —— 5 個
洋蔥（小）—— 1 個（150g）

鹽、砂糖 —— 各 1/2 小匙
A
| 檸檬汁 —— 1/2 小匙
| 橄欖油 —— 1 小匙
橄欖油 —— 1/2 大匙
白葡萄酒 —— 1 大匙
奶油 —— 5g
百里香 —— 2～3 枝
月桂葉 —— 2 片

作法

1. 處理食材

將豬肉切劃幾刀斷筋，兩面撒鹽、砂糖，淋上材料 A，反覆翻面 2～3 次，置於室溫下醃漬 10 分鐘。葡萄縱向對切，金桔橫向對切、去籽，洋蔥切成 4 等分的圓片。

2. 煎豬肉、洋蔥並調味

平底鍋中倒入橄欖油加熱，加入豬肉、洋蔥以大火煎，並在洋蔥上撒入 1 小撮鹽（分量外）。待肉變色後，淋入白葡萄酒然後翻面煎。

3. 加入水果燜燒

關火，加入所有水果，在豬肉上放置奶油，加入百里香與月桂葉，蓋上鍋蓋，以小火燜燒 8～10 分鐘。關火，靜置 1～2 分鐘。將豬肉盛放在裝盤的白飯上。將湯汁回煮至濃稠後與水果舀入盤中。

point

托盤裡先撒上鹽、砂糖，再放入豬肉，表面再撒上鹽、砂糖。然後加入檸檬汁與橄欖油一起醃，使肉質變得柔軟。

辣燉茄子豬肉

以茄子很搭的豬肉、味噌組合為靈感，
用韓式的甜辣味噌加醋，帶出清爽口感風味。
料理的重點是，在茄子熟透時加入豬肉。

材料（2 人份）

豬五花肉片（涮涮鍋用）—— 150g
茄子 —— 2 條（240g）
糯米椒 —— 8 根

A
┃ 醬油、醋、酒 —— 各 1 大匙
┃ 韓式辣醬 —— 1/2 大匙
┃ 砂糖 —— 1 小匙
麻油 —— 2 大匙
鹽 —— 1 小撮
白芝麻粒 —— 適量

作法

1. 處理食材

茄子切成略大的滾刀塊。豬肉切成 4 ～
5cm 寬。混合拌勻材料 A。

2. 拌炒茄子並燜燒

平底鍋中倒入麻油加熱，放入茄子、撒上
鹽，以大火拌炒。待茄子變得油亮後，蓋
上鍋蓋，轉中火燜燒 2 ～ 3 分鐘。

3. 加入肉與調味料、燜燒

關火，加入豬肉片、糯米椒、混合好的材
料 A，從鍋子底部往上翻拌均勻，再蓋上
鍋蓋，以中火燜燒 3 ～ 4 分鐘至豬肉熟透。
盛放在裝盤的白飯上，撒些白芝麻粒。

point

茄子比豬肉不易熟透，請
先煮熟茄子再放入豬肉一
起烹調。

花椒番薯燒肉

花椒的獨特麻香是這道菜的美妙尾韻。
先讓辣味融入油中，配料再依序入鍋燜燒。
享受得到番薯與牛蒡各異其趣的口感。

材料（2人份）

豬五花肉片 —— 200g
番薯 —— 150g
牛蒡 —— 1根（150g）

薑（切絲）—— 1指節大小
A
　花椒粒（壓碎）—— 1小匙
　麻油 —— 1/2 大匙
B
　鹽 —— 1小撮
　粗粒黑胡椒 —— 少許
　酒 —— 2 大匙
C
　醬油 —— 1⅓ 大匙
　砂糖 —— 1 大匙
粗粒黑胡椒 —— 少許

作法

1. 處理食材

番薯連皮切成 1cm 厚，體積大的番薯可切成半月形。用棕刷仔細搓洗牛蒡的表皮後，切成略小的滾刀塊。豬肉切成 4～5cm 寬。

2. 炒豬肉與番薯，調味

平底鍋中倒入材料 A，以中火加熱，待香氣溢出後，放入豬肉片與番薯拌炒，待肉片變色後，依序加入材料 B，快速拌炒均勻。

3. 加入蔬菜燜燒

接著加入牛蒡、薑絲混拌，蓋上鍋蓋，以中火燜燒 5 分鐘。

4. 調味、燜燒

關火，加入材料 C，從鍋子底部往上翻拌均勻，再蓋上鍋蓋，轉小火燜燒 5 分鐘。盛放在裝盤的白飯上，撒些黑胡椒。

memo

花　椒

入口會讓舌頭發麻的刺激性辣味香料。添加少許就能呈現出獨特的椒麻。熱炒或拌菜時，最後也可添加壓碎的花椒提升風味。

豆豉蓮藕燒雞

軟嫩雞肉、鬆綿蓮藕、清甜大蔥，
全都歸功於不加一滴水燜燒而成。
加上豆豉的濃醇與鹹香，讓人停不下筷子。

材料（2 人份）

雞腿肉 —— 1 塊（250g）
大蔥 —— 1 根（100g）
蓮藕 —— 1 節（150 ～ 180g）

麻油 —— 1/2 大匙
A
| 鹽 —— 1 小撮
| 粗粒黑胡椒 —— 少許
| 酒 —— 1 大匙
B
| 豆豉（切粗末）、醋 —— 各 1 大匙
| 醬油 —— 1/2 大匙

作法

1. 處理食材

大蔥切成 3cm 長，蓮藕切成一口大小的滾刀塊。用廚房紙巾擦乾雞肉表面的水分，剔除多餘的脂肪，切成 8 等分。

2. 煎雞肉並調味

平底鍋中倒入麻油加熱，將雞皮面朝下放入鍋中，以中大火煎。待雞肉變色後，依序加入材料 A 煎炒。

3. 加入蔬菜燜燒

接著加入大蔥和蓮藕拌炒，蓋上鍋蓋，以中火燜燒 3 ～ 4 分鐘。

4. 調味、燜燒

關火，加入材料 B，從鍋子底部往上翻拌均勻，再蓋上鍋蓋，燜燒 7 ～ 8 分鐘。盛放在裝盤的白飯上。

memo

豆豉

用蒸過的大豆發酵、乾燥製成，滋味鹹鮮、帶有香氣。除了用在麻婆豆腐，熱炒或蒸煮料理時也可添加少許提味。

梅味噌蕪菁燜雞

醃梅搭配味噌
飽滿清爽的滋味，令人耳目一新。
改用豬肉也很適合。

材料（2人份）

雞腿肉 —— 1 大塊（300g）
蕪菁 * —— 2 個（180g）
* 編注：蕪菁可用結頭菜代替。

A
| 甜醃梅
　　—— 2 大顆（去籽、拍爛，20g）
| 味醂、味噌 —— 各 1⅓ 大匙
油（常備品）—— 1/2 大匙
B
| 鹽 —— 1 小撮
| 粗粒黑胡椒 —— 少許
| 酒 —— 2 大匙

作法

1. 處理食材

蕪菁切掉葉子，連皮切成半月形塊狀，取
1 片葉子切碎。用廚房紙巾擦乾雞腿肉表
面的水分，剔除多餘的脂肪，切成 3cm 塊
狀。混合拌勻材料 A。

2. 炒雞肉並調味

平底鍋中倒入油加熱，將雞皮面朝下放入
鍋中，以中火煎。待雞肉變色後，依序加
入材料 B 拌炒。

3. 加入蔬菜燜燒，最後調味

加入蕪菁，蓋上鍋蓋，燜燒 3 分鐘。關
火，加入混合好的材料 A，從鍋子部底往
上翻拌均勻，再蓋上鍋蓋，以小火燜燒
3～4 分鐘，加入蕪菁葉混拌。盛放在裝盤
的白飯上。

醬燜肉末蘿蔔

品嘗得到白蘿蔔清甜的一道菜。
白蘿蔔切成適口的小方丁，
短時間就能熟透，多汁又入味。

材料（2人份）

雞絞肉（建議使用雞腿肉）—— 200g
白蘿蔔 —— 1/4 根（250g）

青紫蘇（切絲）—— 6 片
油（常備品）—— 1/2 大匙
A
| 鹽 —— 1 小撮
| 粗粒黑胡椒 —— 少許
| 酒 —— 2 大匙
醬油 —— 2 小匙
太白粉水
| 太白粉 —— 1 小匙
| 水 —— 1 大匙
粗粒黑胡椒 —— 適量

作法

1. 處理食材

白蘿蔔連皮切成 1.5cm 丁狀。

2. 炒絞肉並調味

平底鍋中倒入油加熱，放入雞絞肉、攤平，以大火煎。待絞肉變色後，依序加入材料 A 拌炒。

3. 加入蘿蔔燜燒，最後調味

加入白蘿蔔快速拌炒，蓋上鍋蓋，以中小火燜燒 5 分鐘。關火，加入醬油，從鍋子底往上大略翻拌，再蓋上鍋蓋，以小火燜燒 4 分鐘。關火，燜 3 分鐘至白蘿蔔熟透，淋入太白粉水，以中火煮至濃稠。盛放在白飯上，撒些黑胡椒、加點青紫蘇。

奶香醬油燜鯖魚高麗菜

燜燒的好處是可以同時烹調魚和蔬菜。
使用鹽漬鯖魚很方便，省去了事前的處理。
奶油 × 醬油 × 檸檬是美味關鍵。

材料（2人份）

鹽漬鯖魚——2塊
高麗菜——1/4 個（200g）
馬鈴薯——1個（160g）

奶油——20g
A
│ 胡椒——少許
│ 白葡萄酒——1大匙
鹽——1/4 小匙
檸檬汁、醬油——各1小匙
檸檬（切半月形塊狀）、粗粒黑胡椒
——各適量

作法

1. 處理食材

高麗菜切成約 3cm 大小，馬鈴薯切成細條。用廚房紙巾擦乾鯖魚表面的水分，對半切開。

2. 煎鯖魚並調味

平底鍋中放入奶油加熱融化，將鯖魚皮面朝下放入鍋中，以中火煎。待煎至差不多半熟後，依序加入材料 A，上下翻面煎。

3. 加入蔬菜燜燒

將高麗菜、馬鈴薯放在鯖魚上，加入鹽和檸檬汁，蓋上鍋蓋，以中火燜燒至高麗菜變軟。盛放在裝盤的白飯上，另將少許奶油（分量外）放在鯖魚表面，淋少許醬油、撒些黑胡椒，旁邊擺放檸檬角。

arrange

用燜燒鯖魚做成三明治也很好吃。建議搭配高麗菜、馬鈴薯夾入烤過的麵包食用。

檸檬奶油鮭魚蘆筍

薄鹽鮭魚用奶油和橄欖油香煎後，
再燜燒就不會乾柴。
散發檸檬清香的濃郁醬汁是風味的關鍵。

材料（2人份）

薄鹽鮭魚 —— 2塊
綠蘆筍 —— 5～6根

檸檬奶油起司醬
| 帕瑪森起司 —— 20g
| 檸檬汁 —— 1小匙
| 鮮奶油 —— 1/2 杯
| 鹽 —— 1/4 小匙
橄欖油 —— 1/2 大匙
奶油 —— 20g
A
| 胡椒 —— 適量
| 白葡萄酒 —— 1大匙
檸檬皮 —— 適量

作法

1. 處理食材

用廚房紙巾擦乾鮭魚表面的水分。綠蘆筍切除根部，下部的1/3斜切成片。將檸檬奶油起司醬的材料混合拌勻。

2. 煎鮭魚並調味

平底鍋中倒入橄欖油與奶油，以中火加熱，奶油融化後，放入鮭魚煎。待肉變色後，依序加入材料A，並將鮭魚上下翻面煎。

3. 加入蔬菜燜燒

接著加入綠蘆筍，蓋上鍋蓋，以中火燜燒2分鐘。

4. 最後調味

關火，加入檸檬奶油起司醬，用耐熱刮刀，以中火邊加熱邊攪拌至變得濃稠。盛放在裝盤的白飯上，撒上磨碎的檸檬皮屑，依照喜好撒些巴西里。

point

鮭魚用奶油煎過後會增加風味。但單獨用奶油很容易煎焦，添加些橄欖油會較好操作。

韓式番茄燜鱈魚

鱈魚、番茄與萵苣，令人滿足的美味組合。
萵苣脆嫩的口感吃起來十分舒爽，
麻辣爽口的醬汁出乎意料地對味。

材料（2人份）

鱈魚 —— 2塊（180～200g）
番茄 —— 1個（150g）
萵苣 —— 1/2個（150g）

麻香醋辣醬
| 薑（磨泥）—— 1指節大小
| 白芝麻粒、粗粒辣椒粉
|　—— 各1小匙
| 醬油 —— 1⅓大匙
| 醋 —— 2小匙
| 砂糖 —— 2/3小匙
麻油 —— 1/2大匙
A
| 鹽、胡椒 —— 各少許
| 酒 —— 1大匙
青蔥（切成蔥花）—— 2～3根

作法

1. 處理食材

鱈魚撒上1/4小匙的鹽（分量外）靜置約
10分鐘，快速清洗後，用廚房紙巾擦乾水
分。番茄去除蒂頭，切成半月形塊狀。萵
苣大略切塊。將麻香醋辣醬的材料混合拌
勻。

2. 煎鱈魚並調味

平底鍋中倒入麻油加熱，放入鱈魚以中火
煎。待肉變色後，依序加入材料A。

3. 加入蔬菜與麻香醋辣醬燜燒

關火，加入萵苣、番茄和麻香醋辣醬，蓋
上鍋蓋，以小火燜燒7～8分鐘。盛盤，
撒上蔥花。

memo

「麻香醋辣醬」

淋在白斬雞或用來拌番茄、小黃瓜滋味
也很棒。加點麻油或辣油就變成中式口
味的醬汁，可淋在冷豆腐，或作為煎
餃、餛飩的沾醬。

用烤箱做的 1 飯 1 菜

將配料鋪放在米飯上，用烤箱簡單烘烤的料理，
熱騰騰地享用就是一道豐盛美味。

祕醬焗烤雞肉花椰

將料理教室中很受歡迎的料理做微幅調整，
軟嫩的咖哩烤雞搭配白飯非常對味。

材料（2人份）

雞腿肉（去皮）── 1 塊（250g）
白花椰菜 ── 1/3 個（200g）
白飯 ── 250g

祕製烤雞醬
| 酸奶油、美乃滋 ── 各 4 大匙
| 橘子果醬 ── 2 大匙
| 法式芥末醬（或芥末籽醬）── 2 小匙
| 咖哩粉 ── 1½ 小匙
| 檸檬汁 ── 1 小匙
鹽 ── 1/4 小匙
粗粒黑胡椒 ── 少許

作法

1. 白花椰菜切成小朵。雞肉剔除多餘脂肪，切成適口大小。烤雞醬的材料混合拌勻。

2. 將白飯均勻地鋪在耐熱容器中，放入雞肉與白花椰菜，撒上鹽，再將醬汁均勻地淋在雞肉表面，放入預熱至 200℃的烤箱中烘烤 18 ～ 20 分鐘。烤到表面金黃後，用竹籤刺穿雞肉，若流出透明的肉汁即完成。最後撒上黑胡椒，依照喜好撒些巴西里。

point
用醬汁均勻覆蓋雞肉，會使雞肉柔嫩多汁；酸奶油與檸檬汁的酸度能平衡口味，讓味道溫順不膩口。

黑芝麻擔擔醬焗烤

麻醬的香醇與豆瓣醬的辣味，是擔擔麵的風味特色，
烤到香脆的炸豆皮，口感酥脆相當美味。

材料（2人份）

豬絞肉 —— 150g
四季豆 —— 5 根
油炸豆皮 —— 1 塊
白飯 —— 250g

擔擔醬
　大蔥（切末）—— 1/2 根（50g）
　大蒜、薑（磨泥）—— 各少許
　黑芝麻醬、黑芝麻粒 —— 各 2 大匙
　醬油、酒 —— 各 1 大匙
　豆瓣醬、砂糖 —— 各 1 小匙
披薩用起司絲 —— 40g

作法

1. 四季豆兩端摘除，切成 1cm 長。油炸豆皮
縱向對切，再切成 1.5cm 寬的條狀。將豬
絞肉、擔擔醬的材料倒入調理碗裡混合拌
勻。

2. 將白飯均勻地鋪在耐熱容器中，依序疊放
混合好的絞肉擔擔醬、四季豆、油炸豆皮
與起司絲，放入預熱220℃的烤箱中烘烤約
15分鐘，烤至豬絞肉熟透。

保加利亞風味千層飯

材料（2人份）

豬絞肉 —— 120g
馬鈴薯 —— 1個（160g）
白飯 —— 200g

A
　洋蔥（切末）—— 1/3個（70g）
　番茄糊 —— 2大匙
　乾燥奧勒岡 —— 1小匙
　鹽 —— 1/2小匙
　粗粒黑胡椒 —— 少許

B
　原味優格 —— 3/4杯
　蛋 —— 1顆
　麵粉（過篩）—— 1/2大匙
　鹽 —— 1/4小匙
粗粒黑胡椒 —— 適量

用優格蛋液搭配絞肉與蔬菜焗烤，
是保加利亞風味的作法。
口感豐富，吃起來就像鹹派一樣真的超美味。

作法

1. 馬鈴薯用保鮮膜包好，微波加熱（600W）
　 2分鐘，切成粗條狀。將豬絞肉、材料A
　 倒入調理碗裡拌勻。混合拌勻材料B。

2. 耐熱容器周圍預留約1.5cm的空間，均勻
　 地鋪放白飯，依序放入混合好的絞肉、材
　 料A及馬鈴薯。再將混合好的材料B倒入
　 預留的容器周圍，並均勻淋在表面，放入
　 預熱200℃的烤箱中烘烤約25～30分鐘，
　 最後撒些黑胡椒。

蔥味噌焗烤鮭魚水煮蛋

只需將材料按順序放好，加入蔥味噌、豆漿醬油烘烤即可。
香噴噴的蔥香味，色香味俱全令人食指大動。

材料（2 人份）

薄鹽鮭魚 —— 2 小塊（150g）
水煮蛋 —— 2 顆
香菇 —— 2 朵（50g）
白飯 —— 200g

蔥味噌
┌ 大蔥（切末）—— 1/2 根（60g）
└ 味噌 —— 1 大匙

A
┌ 醬油 —— 1 小匙
└ 無糖豆漿 —— 1/4 杯
奶油 —— 10g

作法

1. 香菇切除菇柄根部，切成薄片。水煮蛋切成薄片。用廚房紙巾擦乾鮭魚表面的水分，切成一口大小。將蔥味噌與材料 A 分別混合拌勻。

2. 將白飯地鋪在耐熱容器中，隨意放上奶油，再依序擺放鮭魚、香菇、水煮蛋，淋入蔥味噌。倒入混合好的材料 A，放入預熱 200℃ 的烤箱中烘烤約 12 ～ 15 分鐘。

memo

蔥味噌也很適合與香煎雞排，或微波過的馬鈴薯搭配食用。

+1 道小菜

想多加一道菜時，蔬食小菜是方便快速的好選擇。
與熱炒或燉煮料理搭配白飯，
不僅配色豐富，也能增加飽足感。

綠花椰菜 核桃沙拉

充分擦乾綠花椰菜花蕾的水分，
吃起來脆口不濕爛，口感會更好。

材料（2 人分）

綠花椰菜 —— 1/2 個（150g）
核桃 —— 30g
A
　鹽 —— 1/4 小匙
　紅酒醋或白酒醋（或醋）
　　—— 2 小匙
　橄欖油 —— 1 大匙

作法

1. 綠花椰菜切分成小朵，汆燙約 1 分鐘，以
網篩撈起，用廚房紙巾擦乾水分。核桃切
成粗末。

2. 將材料 A 倒入調理碗裡調拌均勻，加入作
法 1 拌合。

醋漬高麗菜

材料（2人份）

高麗菜 —— 1/6 個（150g）
洋蔥淋醬
　洋蔥（磨泥）—— 1 大匙
　鹽、砂糖、醬油 —— 各 1/2 小匙
　醋 —— 1 大匙
　油（常備品）—— 1 大匙
粗粒黑胡椒 —— 適量

作法

1. 高麗菜切成 2cm 大小。

2. 將淋醬的材料倒入大一點的調理碗
   裡混合拌勻，加入作法 1 拌合，撒
   上黑胡椒。
   ※ 冷藏可保存 2 天。

簡單卻吃不膩的涮嘴小菜，
少許的砂糖是美味的祕訣。

奶香醬油炒秋葵

材料（2人份）

秋葵 —— 20 根
奶油 —— 15g
醬油 —— 1 小匙
柴魚片 —— 1 小撮

作法

1. 秋葵用少許鹽（分量外）搓洗，
   去除表面絨毛，清洗後擦乾水
   分。切除蔕蒂，對半斜切。

2. 平底鍋放入奶油以大火加熱，待
   奶油融化成金黃液狀，加入作法
   1 快速拌炒，再加入醬油拌炒均
   勻。盛盤，撒上柴魚片。

吃秋葵好處多，是值得多吃的蔬菜。
搭配絕對美味的奶香醬油，
撒些柴魚片一起享用更對味。

日式風味 金平炒

用爽脆的無翅豬毛菜做成的日式小炒，簡單的快炒就能品嘗到蔬菜的鮮美。

材料（2人份）

無翅豬毛菜 * —— 2 盒
麻油 —— 1 大匙
辣椒（去籽、切成兩段）—— 1 根
醬油、砂糖 —— 各 1/2 小匙

作法

1. 無翅豬毛菜切除根部較硬的部分，清洗後擦乾水分，切成一半的長度。

2. 平底鍋中倒入麻油、辣椒加熱，待香氣溢出後，加入作法 1 以中火快速拌炒。再加入醬油、砂糖炒至軟透。

※ 冷藏可保存 3 天。

* 編注：無翅豬毛菜質地爽脆，略帶苦味，形似海藻類的羊栖菜，又有陸羊栖菜、陸鹿尾菜之稱。

花生醬拌 茼蒿胡蘿蔔

在拌醬裡加入花生醬是自家的家常作法，濃郁的滋味平衡了山茼蒿的微苦，相得益彰。

材料（2人份）

山茼蒿 —— 1/2 包（80g）
胡蘿蔔 —— 1/2 根（80g）
A
　顆粒花生醬 —— 1 大匙多一點（20g）
　砂糖 —— 1 大匙
　醋 —— 1½ 大匙
　醬油 —— 1/2 小匙

作法

1. 胡蘿蔔切絲，加入 1/4 小匙的鹽（分量外）抓拌後，靜置 5 ～ 10 分鐘，用廚房紙巾擦乾表面的水分。山茼蒿切成 3cm 長，莖的部分稍微切除根部後切薄。

2. 將材料 A 混合拌勻，加入作法 1 拌合。

柴魚醬油
拌西洋菜 & 水芹

使用風味獨特的綠色蔬菜,
柴魚醬油和檸檬襯托出美味。

材料(2人份)

西洋菜、水芹菜 —— 總計100g
麻油 —— 1大匙
柴魚片 —— 2～3g
醬油 —— 2小匙
粗粒黑胡椒 —— 適量
檸檬汁 —— 1小匙

作法

1. 西洋菜、水芹菜切成適口的長度。

2. 將作法1放入調理碗裡,沿著碗口邊緣倒
   入麻油,並從碗底往上大略翻拌後,加入
   除檸檬汁以外的材料拌合,再加檸檬汁混
   拌。試吃味道並斟酌加鹽調味。

明太子 拌水菜豆皮

材料 (2 人份)

水菜 —— 1 株 (50g)
油炸豆皮 —— 1 塊
A
　明太子 —— 25g
　檸檬汁 —— 1½ 小匙
　橄欖油 —— 1 大匙

作法

1. 水菜切成 4cm 長。油炸豆皮放
　入平底鍋乾煎至兩面酥脆,取
　出、縱切對半後,切成細條。

2. 撕除 A 的明太子薄皮,加檸檬
　汁、橄欖油混拌,再加入作法 1
　拌合即可。

爽脆的水菜配上香酥的油炸豆皮,
與帶顆粒口感的明太子淋醬非常的搭。

白菜沙拉

讓人想大口吃的配菜,
搭配生扇貝味道會更加鮮美。

材料 (2 人份)

白菜 —— 150g
麻油 —— 1 大匙
鹽 —— 1 小撮
柚子汁 (或醋橘汁) —— 1½ 大匙
柚子皮 (或醋橘皮,磨碎) —— 適量

作法

1. 白菜葉切成一口大小,菜梗切成
　5 ～ 6cm 長,再順著纖維切薄。

2. 接著將作法 1、麻油放入調理碗
　裡混合拌勻,再加鹽、柚子汁、
　柚子皮拌合,試味道並斟酌加鹽
　調味。

辣拌蒸茄

材料（2 人份）

茄子 —— 3 條（360g）
麻油 —— 2 大匙
鹽 —— 1 小撮
A
　醬油、白芝麻粒 —— 各 2 小匙
　辣椒粉 —— 1/3 小匙

作法

1. 茄子縱切成6等分、長度對半切。

2. 平底鍋倒入麻油加熱，放入茄子、撒入鹽，以大火快炒。待茄子變得油亮後，蓋上鍋蓋，轉中火燜蒸 4 ～ 5 分鐘，關火，再燜煮 1 ～ 2 分鐘，加材料 A 混拌。

非常推薦的茄子吃法，
先炒再燜蒸，軟爛綿密又入味。

海苔拌山藥

脆口綿密的山藥撒上海苔粉和芝麻，
就像在吃涼粉條。

材料（2 人份）

山藥 —— 100g
A
　黃芥末醬 —— 1/3 ～ 1/2 小匙
　砂糖 —— 1 小撮
　醬油、醋 —— 各 1/2 大匙
海苔粉 —— 1 小匙
白芝麻粒 —— 少許

作法

1. 山藥切成 6 ～ 7cm 長的細絲。混合拌勻材料 A。

2. 山藥絲裝盤、淋上混合好的材料 A，撒上海苔粉與芝麻粒。

醋拌鮪魚綜合豆

材料（方便製作的分量）

水煮綜合豆 —— 250g
鮪魚罐頭 —— 1 罐（70g）
紫洋蔥（切末）—— 1/3 個（70g）
巴西里（切末）—— 1/2 包（25g）
法式淋醬
　法式芥末醬 —— 1½ 大匙
　鹽 —— 1/4 小匙
　紅酒醋（或醋）—— 1 又 ½ 大匙
　橄欖油 —— 3 大匙

作法

1. 將淋醬的材料倒入調理碗裡混合拌勻，加入瀝乾水分的綜合豆，靜置 10 分鐘以上。

2. 加入瀝乾湯汁的鮪魚、紫洋蔥末與巴西里末拌合。試味道後斟酌加鹽調味。　　※ 冷藏可保存 3 天。

十分受歡迎的料理，
本書使用水煮豆，偷呷步輕鬆做。

簡易番茄沙拉

砂糖和醬油的分量相同！
番茄的酸味加上甜鹹淋醬是重點。

材料（2 人份）

番茄 —— 2 個（300g）
中式洋蔥醬
　洋蔥（切末）—— 3 大匙
　醬油、砂糖、
　　油（常備品）—— 各 1 大匙
　醋 —— 1 小匙
粗粒黑胡椒 —— 適量

作法

1. 番茄去除蒂頭、切片。

2. 番茄片盛盤，淋上拌好的洋蔥醬，撒些黑胡椒。

以下介紹的是食譜中不可或缺的基本調味料，以及其他方便使用的調味料，可依需要準備。

米糠油（a）

我家中的常備油品除了麻油、橄欖油，還有米糠油。因為香氣不濃烈，不會干擾食材的味道，相當好用。不易氧化又耐放；用米糠油煎炸食材，可以炸得酥脆，即使冷了還是很美味。

橄欖油（b）

西西里島星球酒莊（PLANETA）的特級初榨橄欖油，帶有馥郁的果香味，是我非常喜愛的風味。請使用個人喜愛的橄欖油。

砂糖（c）

我慣用的砂糖是二砂。二砂的礦物質含量比上白糖豐富，甜味溫潤。具有特殊風味與香醇也是一大特色。做菜時會用來提味，能讓料理變得更加美味。

鹽（d）

最後點綴用的粗鹽與西西里島天然海鹽 MOTHIA 的「FINO（細粒）」，是我家中的常備品。富含礦物質，搭配食材一起烹調，溶解後會釋出鮮味。無論是日式、西式、中式或異國料理都適用。

味噌（e）

我選用的是未含高湯、使用簡單材料製成的傳統味噌。山吹味噌的「醇香味噌」略帶甜味，濃醇馥郁。

醬油（f）

丸中醬油是我長久使用且特別喜愛的傳統味道。精心釀造而成的醬油，具有甘醇鮮美的味道，以及醇厚溫順的醬香。

魚露（g）

市售品沒有太大差異，選用方便取得的即可。通常搭配檸檬汁或香草一起使用，即使少量也能立即帶來異國風味。

醋（h）

建議準備 1 瓶酸味溫潤的米醋。我特別喜歡的是，以無農藥米及伏流水為原料製成的富士醋，豐醇香氣與酸味的餘韻，不少人士都愛用。

酒（i）

酒是去除肉腥味、增添風味不可或缺的調味料。我是以一般飲用的清酒，代替料理酒使用。品牌不拘，方便購買即可。

推薦的烹調用具

以下從最常使用的器具中，挑選出最好用的料理用具。

蔬菜脫水器（a）

做沙拉料理不可或缺的脫水器，比起用廚房紙巾擦拭，更能確實瀝乾水分。不必擔心蔬菜中的水分會稀釋醬汁的味道。

量匙（b）

建議準備大匙與兩種小匙（1 小匙、1/2 小匙）。日本貝印（Nyammy）的量匙具有平坦的底部，能平放在桌面，使用相當方便。

量杯（c）

製作調合調味料時，容量約 50 ㎖ 的小量杯很好用。由於附有尖嘴的傾倒口，可方便將調拌好的醬料直接倒入平底鍋。

料理夾（d）

我喜歡用料理夾做菜，家中準備很多支。前端耐熱矽膠的款式，可用於表面有加工處理的平底鍋，不會損壞煎鍋的塗層。煎肉、煮義大利麵或做拌炒料理都十分好用。

橡皮刮刀（e）

矽膠材質的橡皮刮刀，耐熱溫度超過 200℃，不僅是做蛋料理不可或缺的工具，拌炒或燉煮料理也很方便。一體成型的設計便於清洗，清潔保養更輕鬆。

木鏟器（f）

以奶油刀為概念，由我親自監修製成的木鏟。可貼合鍋子側面或鍋底的平順曲線。在平底鍋中翻炒也很好用。

電子秤（g）

提高食譜重現度的建議用具。我最愛用的是 TANITA 製的電子秤，最大秤重 3kg、最小 0.1g，還能轉換秤量體單位㎖。不鏽鋼秤盤可拆卸清洗，衛生安全。

P125 ～ 126 的內容是 2022 年 3 月 1 日的資訊，部分商品可能目前已無販售或改變規格。

以下介紹的是我從眾多收藏的器皿中，精選出能讓料理看起來更加美味的器皿。

白盤

白色器皿能與任何料理搭配，不論日式、西式、中式或異國料理，放在白色器皿裡都可以襯托出可口色澤。相當實用，是我推薦的第一首選。

橢圓形盤

有多種配菜時，給人洗鍊印象的橢圓形盤較方便盛裝。如果不喜歡味道混合在一起的話，可將白飯盛放盤中，左右兩邊擺放配菜。

圖紋器皿

盛裝在圖紋器皿裡，餐桌就會變得很華麗。配料簡單或料理的顏色較少時，盛裝在圖紋器皿裡，整道料理看起來美味無比。

略深的器皿

製作燉煮料理或有湯汁的料理時，邊緣稍微隆起的深器皿很方便，也可用來盛裝咖哩。

1 飯 1 菜的盛盤

1 飯 1 菜的盛裝方式可概分為：飯菜各半的「歐風咖哩盛裝法」，以及將菜覆蓋在飯上的「乾咖哩盛裝法」（兩種名稱都是我隨意的說法）。另外，還有用模型裝飯，倒放在盛盤中，周圍擺放配菜的變化創意。

時間充裕的時候，不妨在周圍添加生菜、放顆荷包蛋或水煮蛋。拌一拌合併食用，味道會更加豐富。

歐風咖哩盛裝法
→ P42 摩洛哥風味燉雞

乾咖哩盛裝法
→ P60 墨西哥辣肉醬

周圍盛裝法
→ P20 蜂蜜芥末炒蘑菇牛肉

荷包蛋盛裝法
→ P24 打拋豬肉飯

VF0132

每餐只做 1 道菜

用一只平底鍋成就一盤美味，65 道世界料理天天開飯

原文書名　ごはんにかけておいしい　ひとさライス

		【日文版製作人員】
作　　　者 —— 小堀紀代美		攝影：邑口京一郎
譯　　　者 —— 連雪雅		造型設計：城 素穗
		設計：野本奈保子（ノモグラム）
出　　　版 —— 積木文化		排版：明昌堂
總 編 輯 —— 江家華		烹飪助理：夏目陽子、藤田有早子、
主　　　編 —— 洪淑暖		藤原由紀、高田智子
校　　　對 —— 陳佳欣		
版　　　權 —— 沈家心		校對：荒川照實
行 銷 業 務 —— 陳紫晴、羅仔伶		協力編輯：飯村いずみ

發 行 人 —— 何飛鵬
事業群總經理 — 謝至平
城邦文化出版事業股份有限公司
　　　　　台北市南港區昆陽街 16 號 4 樓
　　　　　電話：886-2-2500-0888　傳真：886-2-2500-1951
發　　　行 —— 英屬蓋曼群島商家庭傳媒股份有限公司城邦分公司
　　　　　台北市南港區昆陽街 16 號 8 樓
　　　　　客服專線：02-25007718；02-25007719
　　　　　24 小時傳真專線：02-25001990；02-25001991
　　　　　服務時間：週一至週五上午 09:30-12:00；下午 13:30-17:00
　　　　　劃撥帳號：19863813 戶名：書虫股份有限公司
　　　　　讀者服務信箱：service@readingclub.com.tw
　　　　　城邦網址：http://www.cite.com.tw
香港發行所 —— 城邦（香港）出版集團有限公司
　　　　　香港九龍九龍城土瓜灣道 86 號順聯工業大廈 6 樓 A 室
　　　　　電話：(852)25086231 ｜ 傳真：(852)25789337
　　　　　電子信箱：hkcite@biznetvigator.com
馬新發行所 —— 城邦（馬新）出版集團 Cite (M) Sdn Bhd
　　　　　41, Jalan Radin Anum, Bandar Baru Sri Petaling, 57000 Kuala Lumpur, Malaysia.
　　　　　電話：(603) 90563833 ｜ 傳真：(603) 90576622
　　　　　電子信箱：services@cite.my
封 面 設 計 —— 郭忠恕
內 頁 排 版 —— 薛美惠
製 版 印 刷 —— 上晴彩色印刷製版有限公司

Original Japanese title: GOHAN NI KAKETE OISHII HITOSA RICE
Copyright © 2022 by Kiyomi Kobori
Original Japanese edition published by Seito-sha Co., Ltd.
Traditional Chinese translation rights arranged with Seito-sha Co., Ltd.
through The English Agency (Japan) Ltd. and AMANN CO., LTD., Taipei
Traditional Chinese Character translation copyright © 2023 by Cube Press, Division of Cite Publishing Ltd.

【印刷版】
2023 年 12 月 28 日　初版一刷
2024 年 7 月 5 日　初版二刷
售　價／ NT$ 450
ISBN 978-986-459-520-4
Printed in Taiwan.

【電子版】
2023 年 12 月
ISBN 978-986-459-523-5（EPUB）
有著作權・侵害必究

國家圖書館出版品預行編目 (CIP) 資料

每餐只做 1 道菜：用一只平底鍋成就一盤美味 ,65 道世界料理天天開飯 !/
小堀紀代美著；連雪雅譯 . -- 初版 . -- 臺北市：積木文化出版：英屬蓋曼
群島商家庭傳媒股份有限公司城邦分公司發行 , 2024.01
　面；　公分 . -- (五味坊；132)
　譯自：ごはんにかけておいしいひとさライス
　ISBN 978-986-459-520-4（平裝）

　1.CST: 食譜 2.CST: 烹飪

427.1　　　　　　　　　　　　　　　　　　　112013173